養豚場AIマニュアル

著 志田 充芳

チクサン出版社

はじめに

　最近のわが国の人工授精（AI）の普及率の向上には目を見張るものがありますが、欧米のそれと比べると、いまだ格段の差があります。例えばスペインは普及率が90％を超えており、AIを採用しないのは老齢化した農家とイベリコ豚だけと言われていますが、日本では40％台がせいぜいです。しかし、コスト面からの圧迫から脱却するためには、日本の養豚経営においても欧米各国が行ったようにAIを導入し、生産効率を上げることが必須となっています。

　筆者はかつて、国内の大手養豚会社で繁殖を担当し、そのころからAIを行っていましたが、30年経った今も手法はほとんど変わりなく、成績もあまり向上していないように感じられます。当時筆者が試験的に行っていた凍結精液での受胎率は50％弱、リキッド精液での受胎率は84～85％でした。

　現在のヨーロッパでの平均成績は、受胎率88～90％、産子数11.8頭です。あるAIセンターでは1頭の雄豚から1年間に生産される希釈精液の本数は2000年に1,650本だったのが、2006年に1,850本、2008年の時点で2,000本を超えています。すなわち、1頭の雄豚で年間に2,000頭の雌豚に交配が可能になったわけです。1発情に2回交配するとしても、1頭の雄豚で1,000頭以上の雌豚に交配が可能になっているのです。これはもちろん出荷される肉豚の均一性にも反映されています。

　このヨーロッパのAIの普及率と成績の向上には2つのポイントがあります。

①精子の損耗を防ぐことのできる保存性の高い希釈剤の開発と同時に、精液採取技術の発展により、採取時の雑菌汚染が従来の10分の1以下になったこと

②子宮深部注入カテーテルの開発で、注入精子数を少なくしても十分な受胎率と産子数が得られ、なおかつ注入に要する時間が大幅に短縮され、作業性が向上したこと

　本書では、これらの実情を考慮しながら、農場での自家採取AI（オンファームAI）導入のための、効率の良い手法を提案したいと思います。

　養豚に関連する業界や、学会では難しい用語で表現されることが多いのですが、本書ではなるべく養豚従事者の目線で分かりやすく、実践しやすいような言葉に置き換えて表現したいと思っております。本書がわが国の養豚事業向上の一助になれば幸いです。

　なお、本書の執筆に当たっては筆者が約20年間在籍した㈱フロンティアインターナショナルで得た知見や、培った経験をもとに構成させていただいております。同社では、海外の畜産器材の輸入に携わりながら、AIの実務に接する機会に多々恵まれました。本書執筆に当たり、ご快諾、ご協力いただいたことに心より感謝するものです。

2011年2月吉日

志田　充芳

養豚場AIマニュアル

CONTENTS

はじめに ─── 2
巻頭グラビア ─── 4

第1章 なぜAIを導入するのか
1. AI導入のメリット ─── 18
2. コストパフォーマンス ─── 22

第2章 精液採取と衛生管理
1. 器材と採取室、処理室の衛生管理 ─── 28
2. 雄豚の調教・管理 ─── 34
3. 精液採取の準備 ─── 38
4. 精液採取 ─── 42
5. 採取した精液の処理 ─── 46
6. 購入精液を用いたAI ─── 53

第3章 繁殖成績向上のためのAI技術
1. 母豚の交配適期 ─── 56
2. 交配 ─── 60
3. 妊娠のメカニズムと妊娠確認 ─── 67
4. 最新のAI技術 ─── 71

AIの準備と手技

精液の採取

精液採取の前に用意するもの

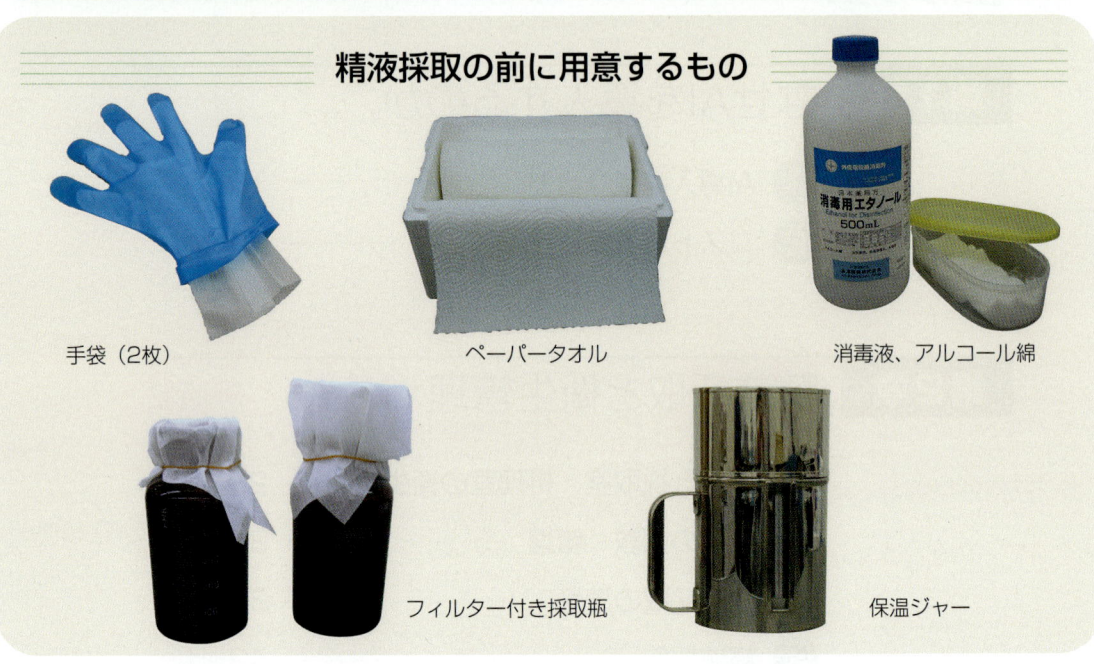

- 手袋（2枚）
- ペーパータオル
- 消毒液、アルコール綿
- フィルター付き採取瓶
- 保温ジャー

採取室の準備

- 人が避難できる盲壁を設置するなど、危害を受けないような対策をとる
- 精液の濃淡が識別できるよう、床に黒いゴムマットを設置
- 室温は夏季25〜26℃、冬季20℃を維持
- 雄豚の年齢、性格によって、擬牝台の角度、向きを変える

精液の採取

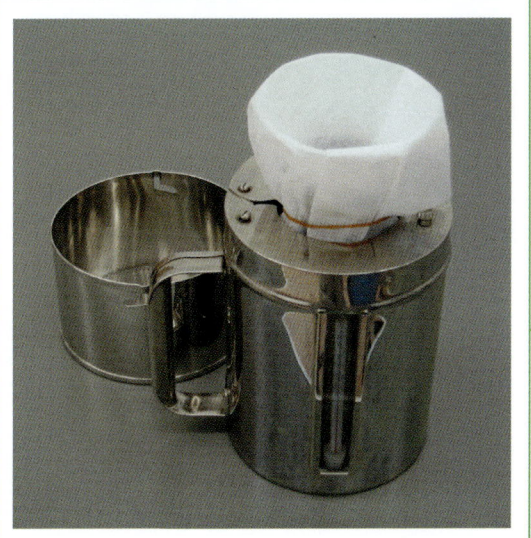

あらかじめフィルターを付けた採取瓶は、保温ジャーなどに入れて37℃程度に温め、精液を温度ショックから保護する

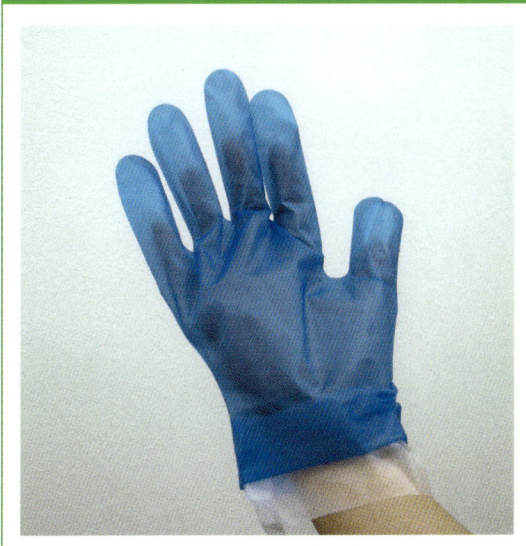

手袋はあらかじめ2枚はめておく。雑菌などの混入を防ぐためにも素手では精液採取を行わないこと

精液採取用の窓のついた柵。雄豚と同じ豚房に入る必要がなく、安全性が高い

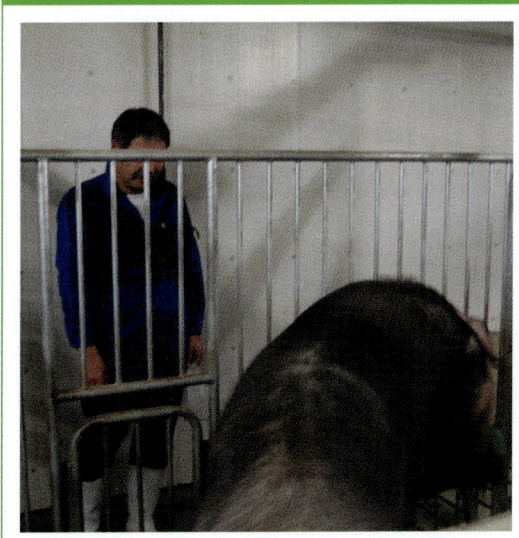

雄豚が疑牝台に自然に乗駕するまで、待機する

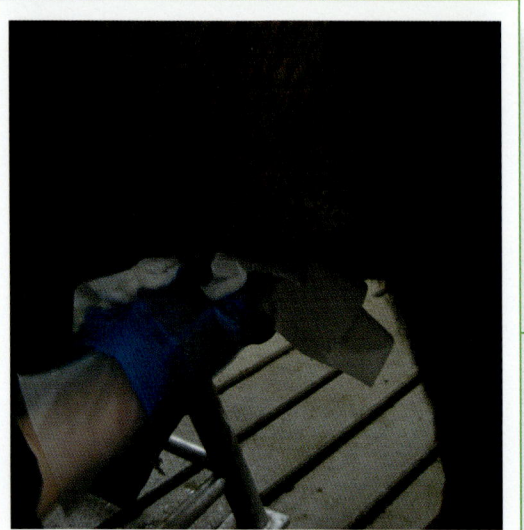

雄豚の陰茎体をペーパータオルでふき、きれいにしておく。勃起したら陰茎（ペニス）も同様に新しいペーパータオルでふいておく。生理食塩水などは使用しないこと

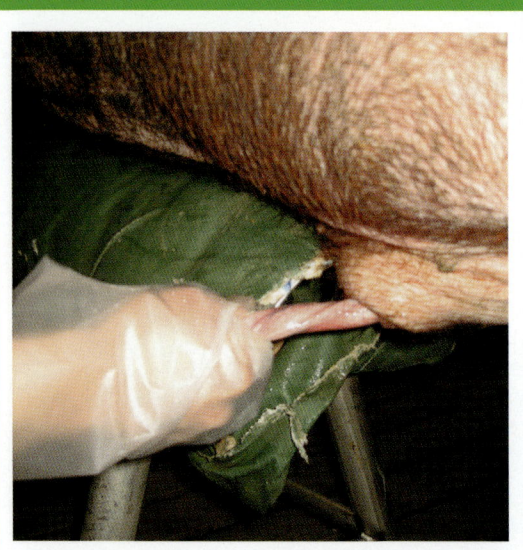

1枚目の手袋を外し、2枚目の手袋で陰茎を握る。最初に射出される精液は、雑菌や汚れが多いので、採取せずに床に落とす

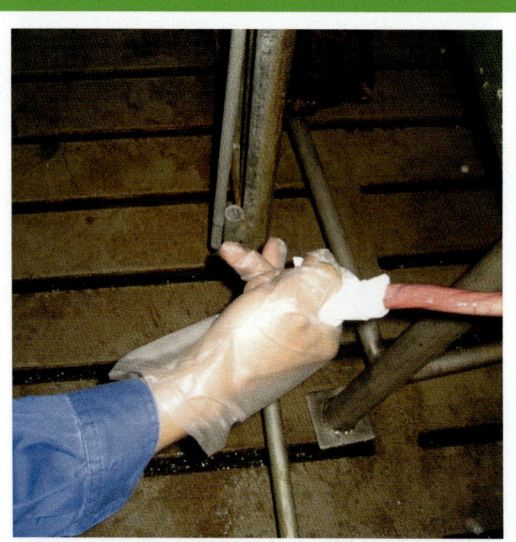

陰茎の中央部に細長く折ったティッシュを巻き付けておくと、尿のドリップなどの混入を防げる

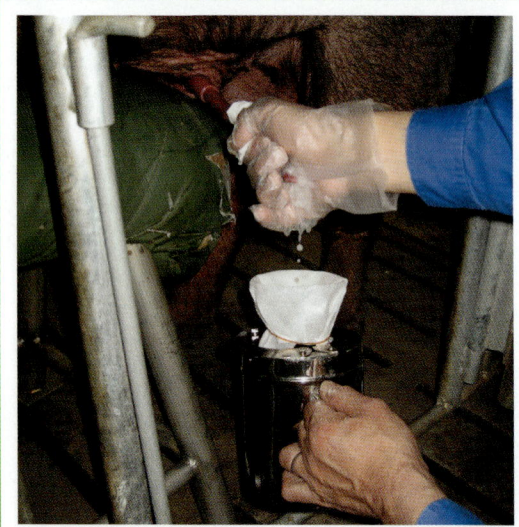

温めておいたフィルター付きの採取瓶に精液を取る。茶色がかったもの、ピンクがかったものは採取しない

精液採取後の処理

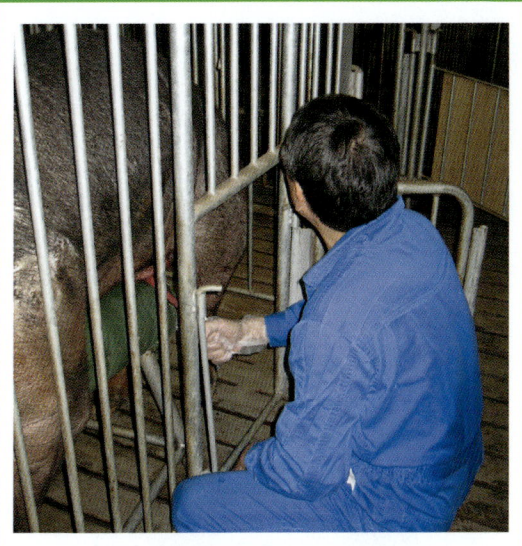

必要量の精液が採取できても雄豚が自分で擬牝台を降りようとするまで陰茎を離さない

採取瓶のフィルターを外し、保温ジャーのふたをする

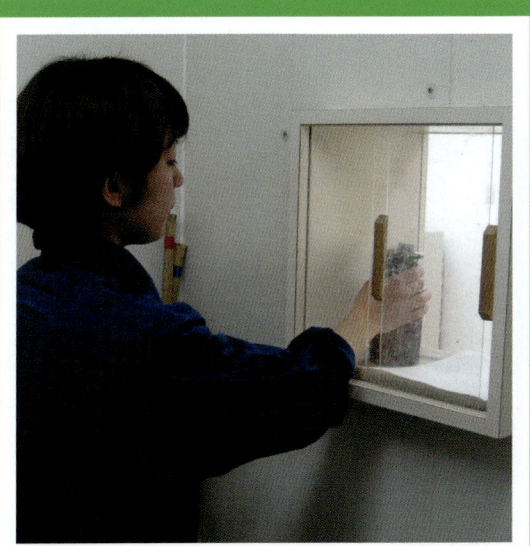

採取瓶をパスボックスに入れ、処理室に渡す

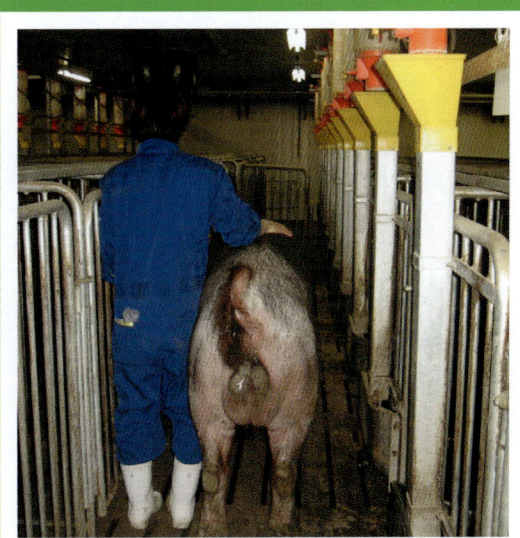

雄豚を豚房へ戻し、採取室の洗浄・消毒を行う。擬牝台などは特に丁寧に水洗いを

精液の処理

精液処理の前に用意するもの

顕微鏡

ウォーターバス

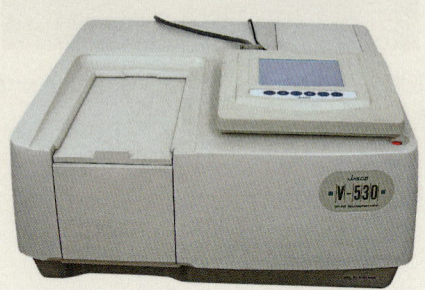
カロリーメーター

分光光度計

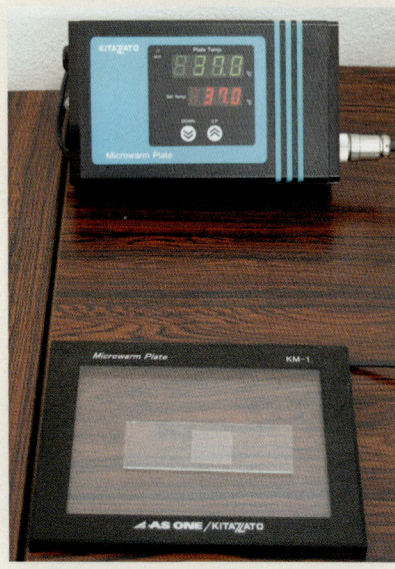
スライドグラス加温プレート

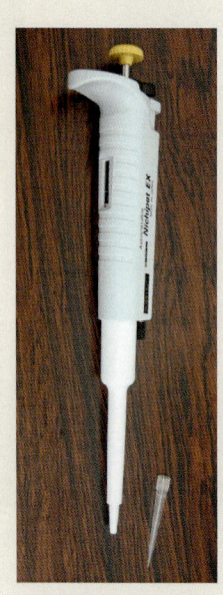
マイクロピペット

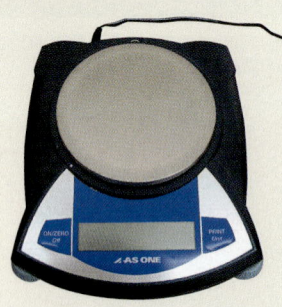
計量器

セル

AIの準備と手技

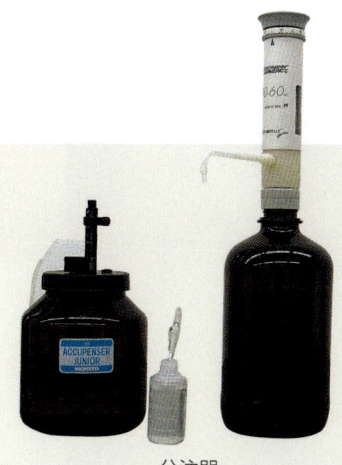
分注器

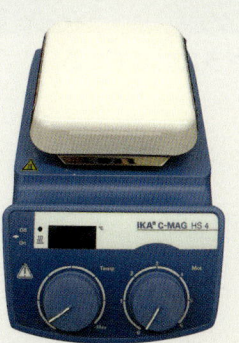
マグネチックスターラー

インキュベーター

滅菌器

精液の検査

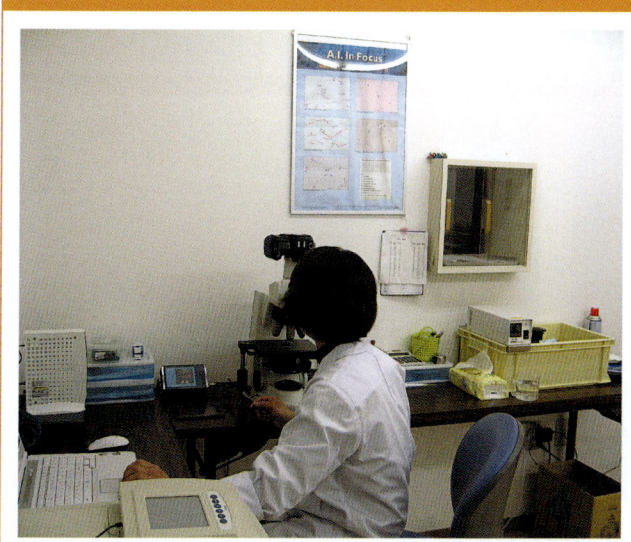

精液はほこりや異物に弱いため、処理室は常に清潔に保つこと。白衣などの着用が望ましい

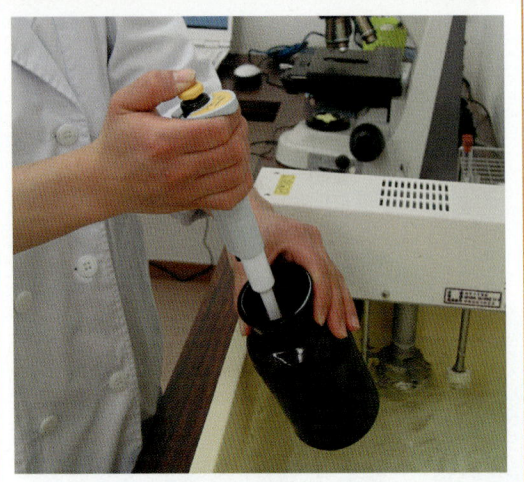
ウォーターバスなどで温めながら精液をマイクロピペットで取る

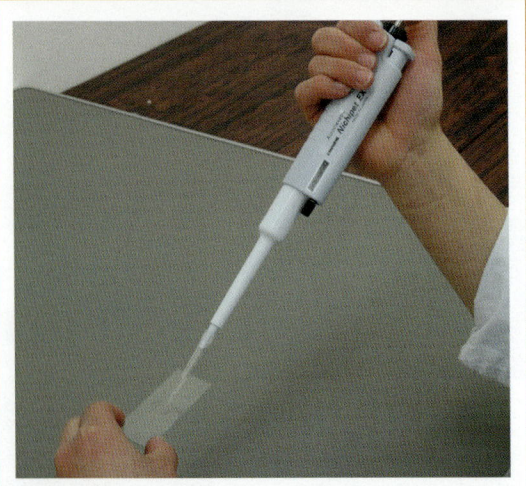
温めておいたスライドガラスに滴下する

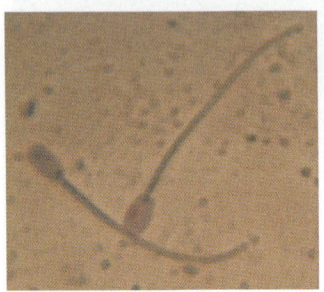
正常

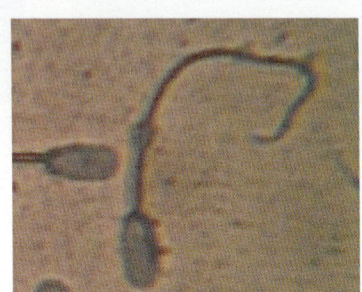
奇形の例

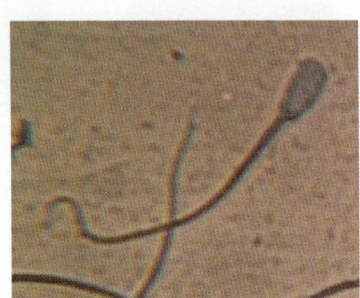
奇形の例

精液の濃度の測定

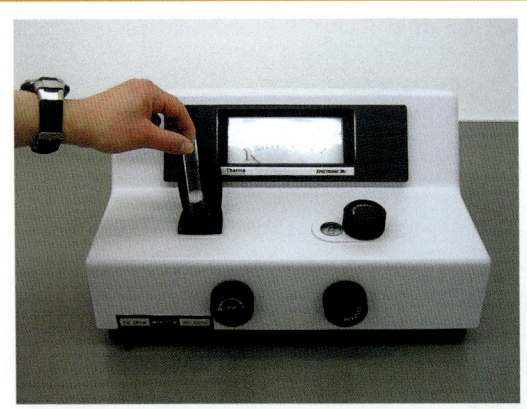
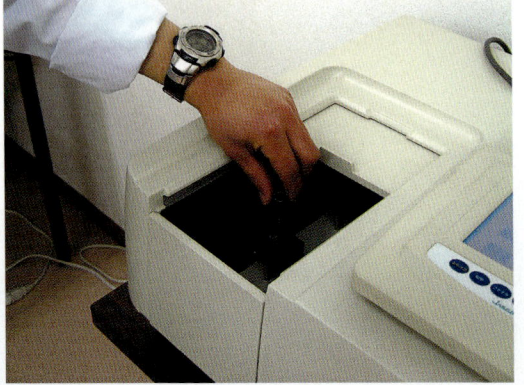
分光光度計（左）、カロリーメーターなどで、精液の濃度を測る

AIの準備と手技

精液の希釈・分注・保存

■希釈液をつくる。コニカルビーカーに入れ、37℃に温めた精製水を入れ希釈剤を加えて、撹拌する

■採取した精液を希釈液に2～3回に分け、ガラス棒に沿わせながらゆっくり入れる。入れ終わったら、10～20分おいて精子をなじませる

 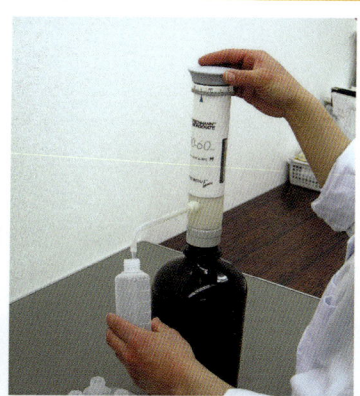 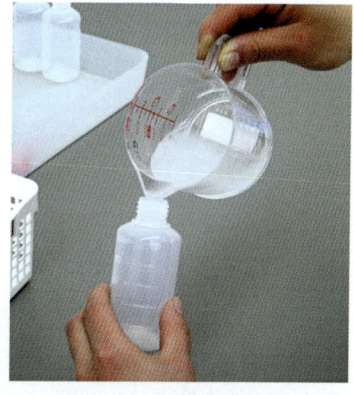

希釈精液は1回分ごとの精液ボトルに移し、タオルに包んだり発泡スチロールの箱に入れ、徐々に温度を下げる。左と中央は分注器を用いている

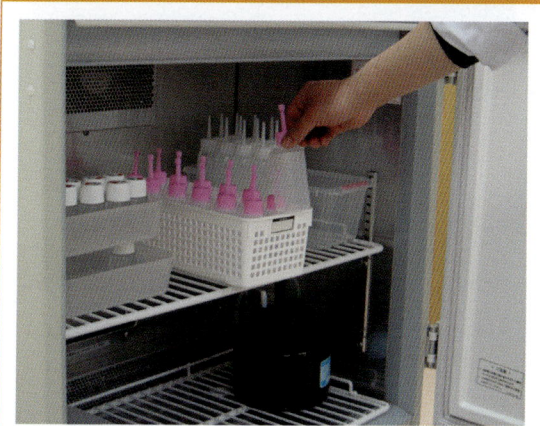

17℃程度まで下がったら、インキュベーターにしまう

精液を使う前には

インキュベーターから精液を取り出す

静かに撹拌し、沈殿している精子を均一にする

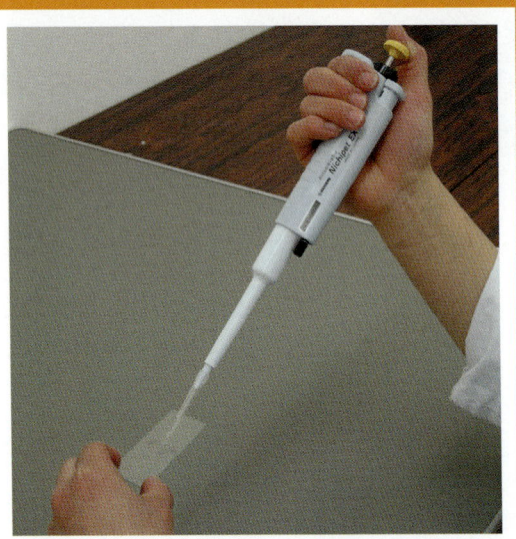
マイクロピペットなどで、温めておいたスライドグラスにたらす

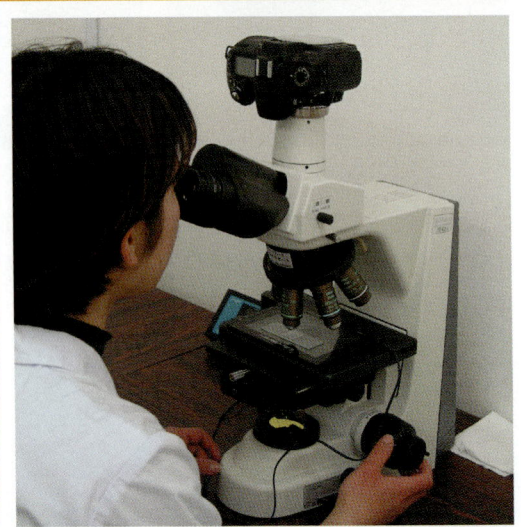
100～200倍の顕微鏡で運動性を確認する

AIの準備と手技

発情のチェック

適期の見極め

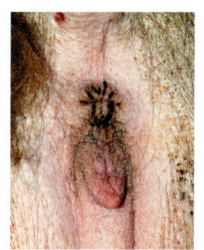
離乳後1日目

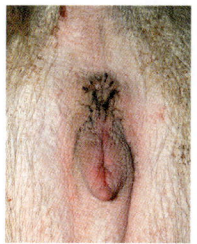
3日目

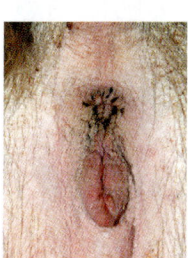
5日目

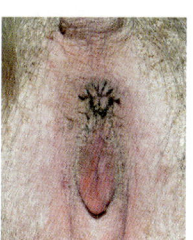
7日目

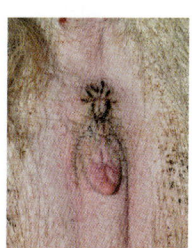
9日目

発　情

適 期

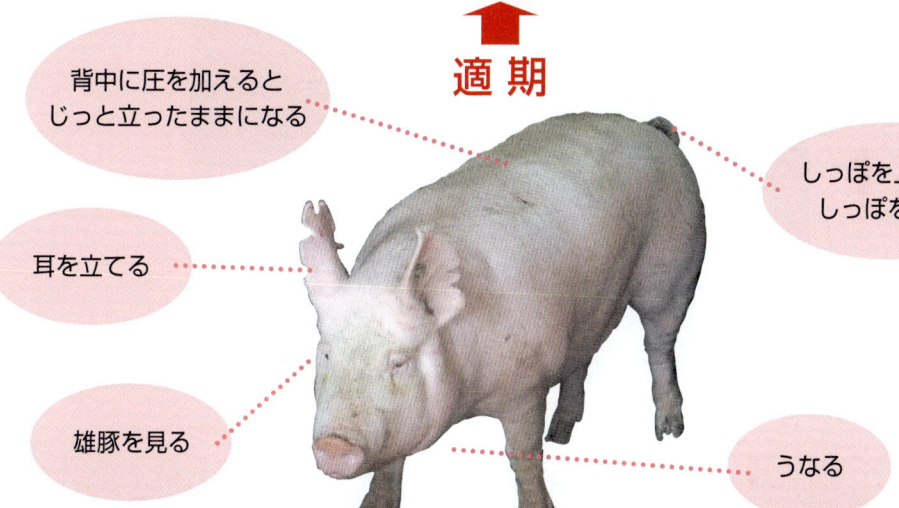

- 背中に圧を加えるとじっと立ったままになる
- しっぽを上げる、しっぽを振る
- 耳を立てる
- 雄豚を見る
- うなる

発情チェックの方法

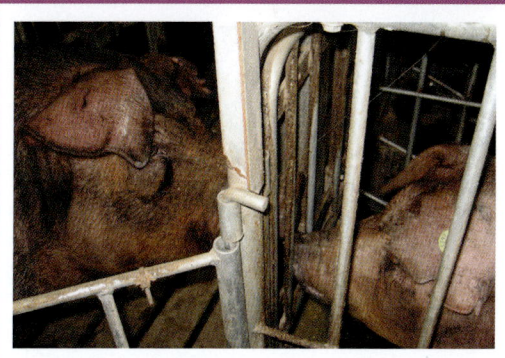

雌豚が発情しているかどうかは、背中を押したり、腹をさすったりするほか、雄豚を当てる方法などがある

精液の注入

精液注入の前に用意するもの

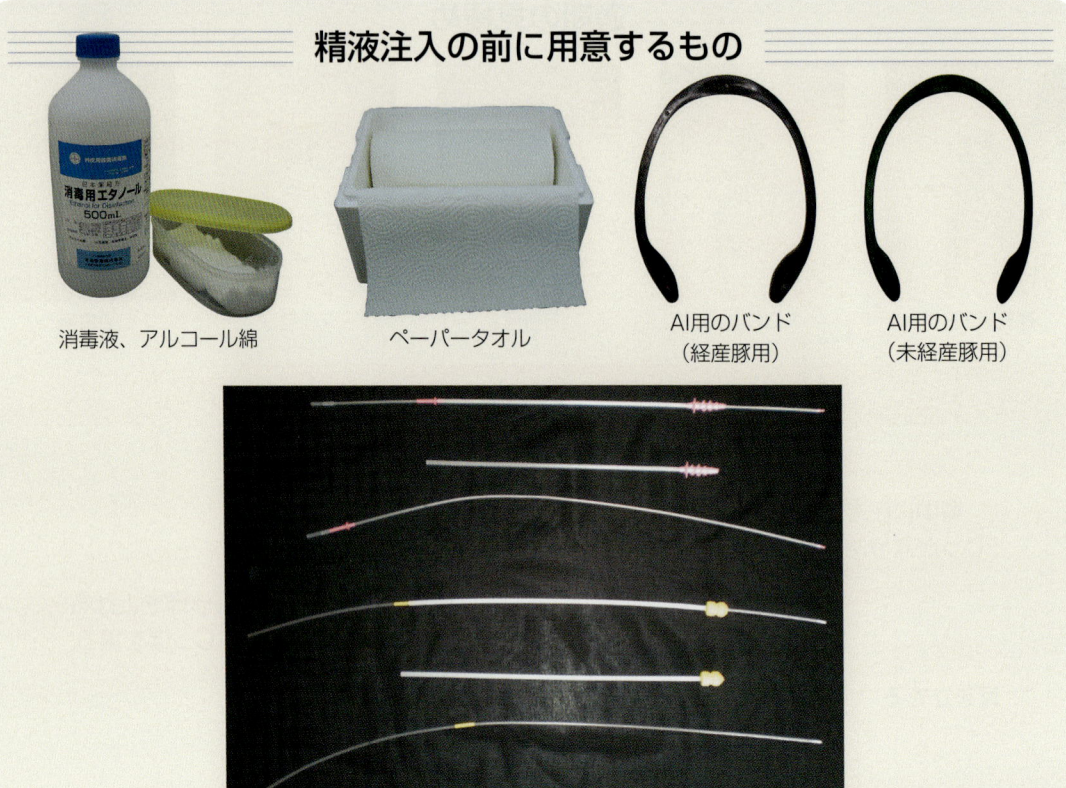

消毒液、アルコール綿　　ペーパータオル　　AI用のバンド（経産豚用）　　AI用のバンド（未経産豚用）

さまざまなカテーテル

精液の注入

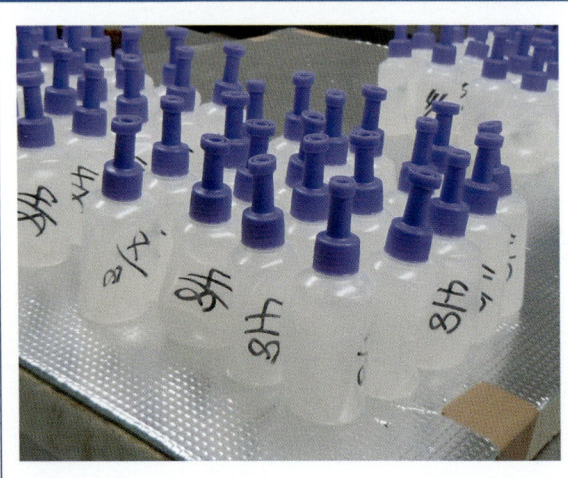

精液ボトルは発泡スチロールの箱など、温度の変化が伝わりにくいものに入れて運ぶ

> AIの準備と手技

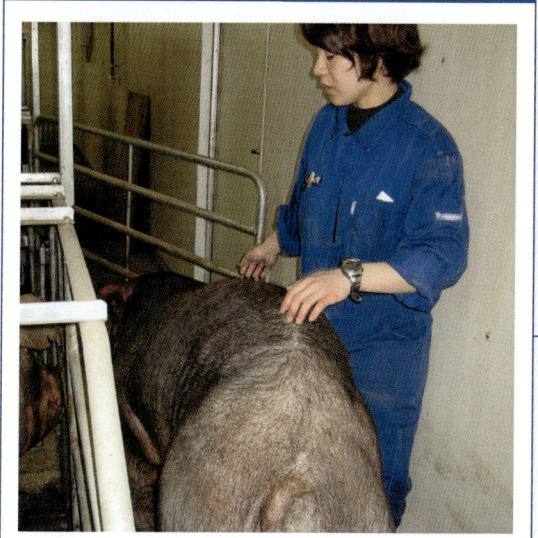

AIを行う際には、実際に雄豚を当てて行うと雌豚が許容しやすい

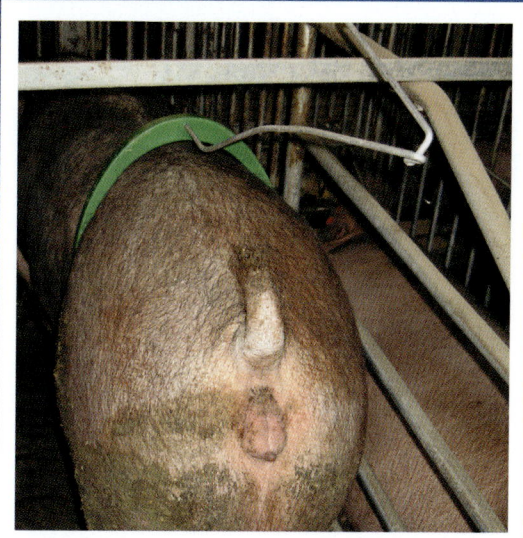

雌豚の背中にAIバンドを装着する。雄豚が背中に乗っている感覚に近付け、許容を持続しやすくする

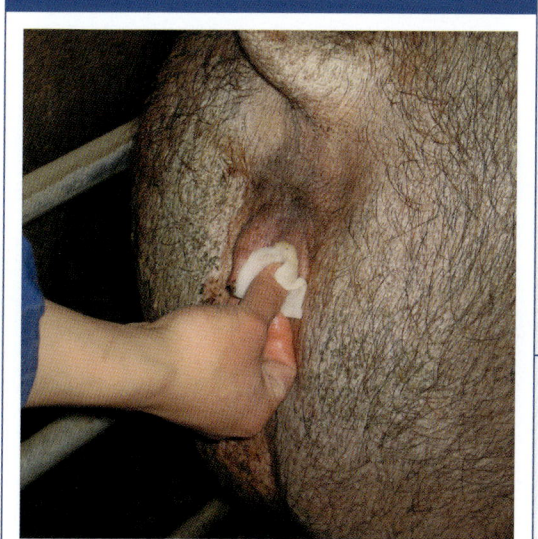

雌豚の陰部をアルコール綿でふく。ふんなどの汚れがある場合は、ペーパータオルを使う

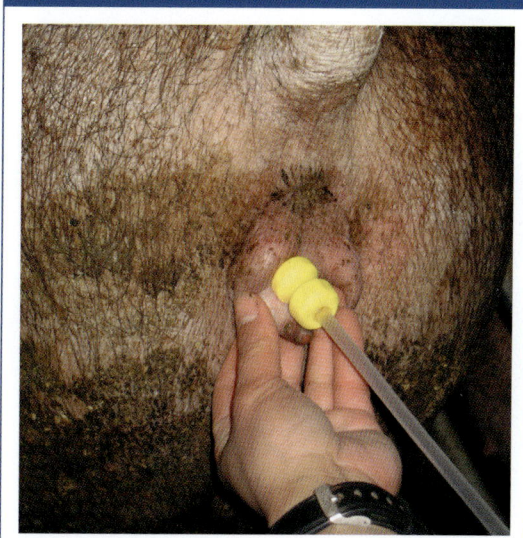

左手で外陰部を広げながらカテーテルを挿入する。カテーテルは先端に潤滑ジェルを塗っておくと入れやすい

AIの準備と手技

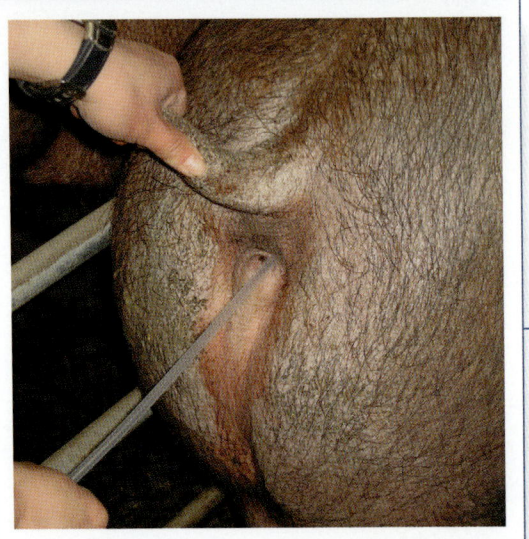

らせん部が入ったら、上45°に角度を変えて挿入する

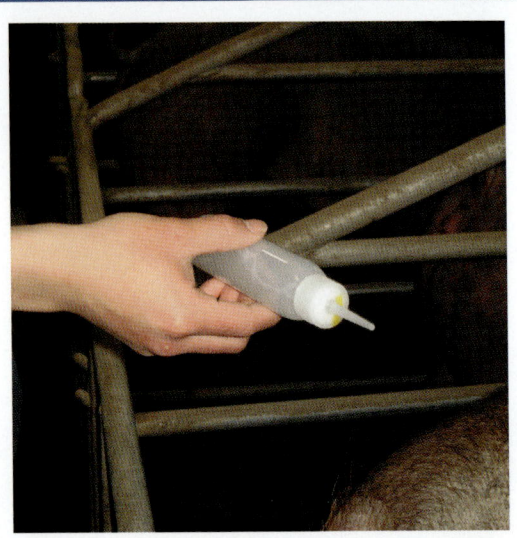

精液ボトルを静かに回し、沈殿している精子を均一にする

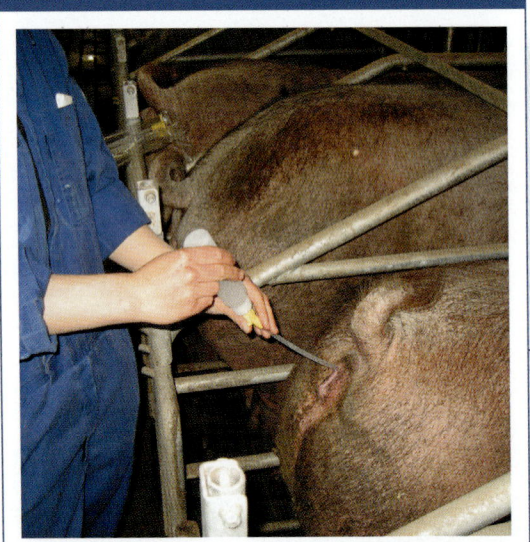

ボトルの口を切り、カテーテルに装着する。精液が流れるのを確認し、ボトルを固定する

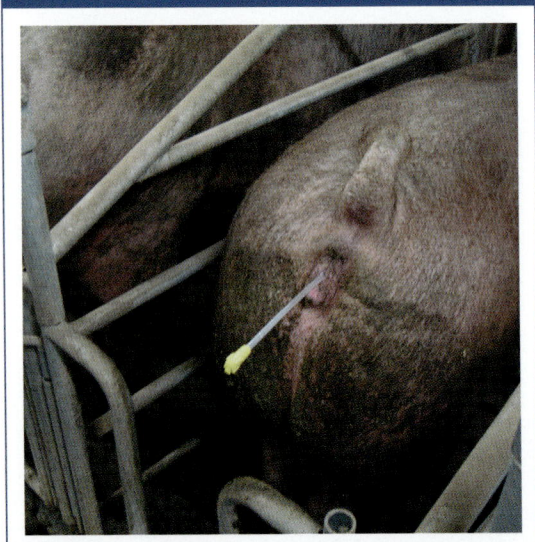

全量注入し終わったら、逆流防止のためボトルを外しゴム栓を付けておく。ゴム栓がない場合は、3分程度たってからボトルを外す

第 1 章

なぜAIを導入するのか

1. AI導入のメリット
2. コストパフォーマンス

1 AI導入のメリット

▶ 豚人工授精の進歩

　わが国における豚人工授精（AI）の歴史は50年以上前から始まっていますが、なかなか普及しませんでした。この原因の1つに、成績が思うように上がらなかったことが挙げられます。本書を手に取られた皆さんの中にも、そうした経験をお持ちの方がおられるのではないでしょうか。

　しかし現在では、AIを取りまく環境は大きく変わり、日々進化しています。AIの実践的な話に入る前に、従来の方法と最新の技術とを比較しながら、AIのメリットを考えていきたいと思います。

　まずカテーテル。従来はゴム製で使用後は洗浄して煮沸消毒後に乾燥、保存していましたが、現在はほとんどが使い捨てです。カテーテル専用のブラシもありましたが、内部はなかなか洗いにくく、乾燥にも疑問があります。水滴が残っていれば精子に悪い影響を与えてしまいます。

　子宮頸管部に把握させて精液を注入する方法では精子の45％が逆流によってロスし、40〜45％が貪食（ファゴサイト）によって失われるというレポートがあります（A. Matthijs 1999）。また、子宮頸管部で精液を射出するカテーテルでは、精子が子宮体部に到達するまでに7〜10％ロスするという報告もあります（Kerwood 2003）。

　それらを踏まえて、近年欧米では子宮体部まで直接カテーテルを挿入し、精液を射出する深部注入カテーテルの開発が盛んに進められ、普及しています。深部注入カテーテルのもう1つの利点は、注入する精子の数を少なくして、1回の精液でより多くの雌豚に交配するという点です。

　わが国ではすでに2003年に麻布大学の伊東正吾准教授らによって精液量30ml、精子数12億で良好な成績を示したことが報告されています（第78回日本養豚学会大会）。

　カテーテルと並んで進化が早いのが希釈剤です。保存性も良くなり、1社のメーカーで数種類の希釈剤をランク別に開発し、ユーザーの用途に合わせています。精液との混合時の温度差や保存温度の幅にもゆとりが出てきました。

　メーカーの品質に対する表示には①使いやすさ②非発泡性③抗菌性④抗酸化性⑤処理後6日目の運動性⑥先体の非破損性⑦非凝集性⑧能力

保持性⑨耐温度性などがあります。先に、深部注入カテーテルの開発要因として、逆流損失の防止と貪食による損失を述べましたが、その貪食を防止する成分を希釈剤に組み入れるための研究が盛んに行われています。

保存庫も安価で性能の良いものがつくられ、発売されています。そのため簡単に保存温度設定ができ、誤差も生じないので精液を無駄にすることがなくなりました。そして宅配システムの整備と、保冷剤や保温剤の普及とともに、購入精液の利用者が増え続けています。

次いで興味深いのは自動採精システムの開発により、微生物（Germ）の汚染が従来の10分の1以下になったことです。国内ではまだ実績はありませんが、すでに韓国やほかの国では採用して、精液購入農場の信頼を得ています。

このように、50年前から見ればAIの技術は飛躍的な進歩を遂げ、現在では多くの農場がそのメリットの恩恵に浴しています。

例えば、AIを実施している農場では母豚の子宮内膜炎は確実に減少しています。これは、雄豚のペニスによって母豚の子宮内へ菌を感染させることがなくなったからと容易に想像できます。

AIが盛んに推奨される理由には大別して3点あります。1つは繁殖成績の向上、もう1つは生産コストの低減、また最近では防疫面におけるメリットも指摘されています。

ここでは、それぞれのメリットについてお話ししていきます。

▶ 繁殖成績の向上

日本では、高温多湿の夏を迎えると途端に繁殖成績が低下して、秋の分娩頭数が少なくなり、6ヵ月後の肉豚出荷頭数が減少、豚肉相場が高騰するのに出荷する豚がいない、という現象を毎年繰り返しています。その点AIを早くから実施している農場では、比較的安定した肉豚出荷頭数を維持しています。

AIに使用するため、実際に精液を採取、検査してみると、精液性状が思ったより悪かったり、雄豚のペニスが短かったりすることに気が付きます。夏は特に雄豚の乗駕欲が低下するため、NSに時間がかかったり、精液性状が悪く受精能力がないのに「交尾したから」と安心してしまうケースが多いのです。精子は雄豚の体内で5週間かけてつくられ射精されますが、34℃以上の高温におかれると造精機能がまひし、回復までさらに5週間を要します。秋口の不受胎が多発する原因の1つです。

確実に検査して、無精子症を発見するとともに、奇形精子や未成熟精子を識別して良好な精液だけを注入するほうが、はるかに成績は良くなります。また、AIを使えば体型の違う雌豚に無理に乗駕させる必要もなく、介添えの危険もありません。最近ではAIが定着して、オールAIでも年間平均受胎率が90％を超える農場が増えてきました。こうしたところでは産子数も良好です。これでは、AIを実践していない農場との差は開くばかりです。

▶ 生産コストの低減

AIを実施している農場にAI導入の理由を聞くと、経済的なメリットが高いという答えがよく返ってきます。これは、例えば1頭の雄豚が1回に射出する精子数、すなわちNSで使用する精子数は400〜500億、一方AIで1頭の雌豚に注入する精子数は平均30億というように、NSに比べ、かなり少ない精子数での授精が可能となるからです。具体的にいえば、500億の精子を採取したら、AIでは最大16頭の雌豚に注入できることになります。そのぶん、雄豚の数を減らすことができます。

また、一度に射出する分の精液で16頭に種付けができるということは、同一の遺伝子を多くの雌豚に分配し、肉豚の均一性も期待できます。

AIを実施している農場でも、1回目の交配は雄豚に発情を確認させそのままNS、2回目は

AIという方法を取っている農場が多く見受けられますが、経済性を追求するならば1回目もAIを行いたいものです。

　1回目からAIを行う場合は、離乳した母豚をストールに収容し、離乳後3日目からストールの前で雄豚を歩かせます。そして管理者が母豚の背中を押し、脇腹をさすって許容するかどうかを確かめます。こうすることで、繁殖担当者であれば容易に発情と交配適期を見極めることができます。外陰部が赤く膨らんでしぼみはじめる、膣粘液のにじみ、雄豚を見て尻尾を持ち上げる、うなる、食欲が落ちるなど、さまざまな信号を発しています。また離乳後の発情再帰日数からある程度の交配適期を算出できますので、積極的にオールAIに移行する努力が望ましいと思っています。

　生産コストのメリットとして、一番大きいのは先にも述べたように雄豚を少なくできることです。NSでは母豚13〜15頭に1頭の割合で雄豚が必要になります。例えば、母豚300頭規模の農場であれば、20頭前後の雄豚が必要となります。これを年間40％、つまり約8頭程度更新するとなればかなりの費用が必要になります。導入に際しての疾病も心配です。雄豚の平均価格は20万円ぐらいでしょうか。毎日の飼料代のほかに衛生費、管理費、光熱費などもかかります。飼養スペースには減価償却費も加算されます。それならそのスペースに母豚を増やし、生産性を上げたほうが良いかもしれません。

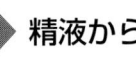 精液からみる防疫

　そして、外部からの疾病侵入を防ぐ手段になるということも大きなメリットです。疾病侵入の最大の原因は、生体の導入と言われていますが、精液であればそのリスクを低減することが可能となります。

　しかし、もし精液がウイルスや細菌に汚染されていれば、AIを介して多くの母豚に広げてしまう危険性があります（**表1**）。

　特に、近年宅配事情が飛躍的に改善され、精液販売会社からは採取後翌日には契約農場に届けられるようになっています。精液販売会社では定期的に精液検査を実施していますが、検査間隔、AIセンターの設備、立地条件などいろいろな要因が疾病の侵入を可能にします。配達事情が良くなったぶん、検査結果が出る前に契約農場にウイルスに汚染された精液が届き、使用してしまう可能性がないとは言いきれません。

　購入精液を使ったAIを実践する場合には、販売会社の衛生状態や、どのような防疫体制をとっているかといったことも検討した上で、どこから購入するかを決める必要があります。

　精液を介して雌豚に悪い影響を及ぼす疾病には、豚繁殖・呼吸障害症候群（PRRS）、豚コレ

【表1】精液から単離できるウイルス

母豚に悪影響を及ぼすウイルス	母豚にあまり影響を及ぼさないウイルス
豚ヘルペスウイルス	口蹄疫ウイルス
豚コレラウイルス	アデノウイルス
アフリカ豚コレラウイルス	豚インフルエンザウイルス
パルボウイルス	伝染性胃腸炎（TGE）ウイルス
PRRSウイルス	レオウイルス
エンテロウイルス	パピローマウイルス （ただし、精液からは単離できず）
サーコウイルス2型（？）	

（沖永龍之「精液が広げる感染症」養豚界2008年7月号より）

ラ、パルボウイルス感染症、オーエスキー病（AD）、口蹄疫、日本脳炎と抗酸菌症などが挙げられます。またサーコウイルス2型（PCV2）についても、その可能性が示唆されています。

こうした疾病の侵入を防ぐためにも、宅配システムが発達し当日または翌日には届いてしまう精液を、使用する前に検査結果が出るシステムの構築が望まれます。それと同時にAIセンターの種豚舎への疾病の侵入防止策をとることも重要となってきます。例えば、欧米では入気フィルターの採用がバイオセキュリティの進展に伴い積極的に推し進められています。アメリカミネソタ大学の大竹聡博士らの研究グループが行ったこのフィルターの効果試験では、PRRSに感染した豚舎の120m風下にエアフィルターを用いた豚舎をつくり、そこで3年間PRRSウィルスをブロックしたと報告しています。精液供給会社のAIセンターでの今後の疾病対策として有効だと考えられています。

今後わが国においても、AIセンターのみならずGGP農場、GP農場、SPF農場、MD農場などにおいても積極的に推進すべきシステムといえるでしょう。

また、精液そのものが母豚にとっては「異物」です。精液は膠様物と精漿と精子からできていますが、精漿には母豚の体内に入った精子を異物とみなし、それを除去しようとする免疫作用を抑制する物質が含まれています。しかしAIで実際に雌豚の体内に注入される精液は少なくとも10倍以上希釈されていますので、精漿に含まれる免疫抑制物質もごく微量になっています。そこに病原性の物質が混入すると雌豚の体内では免疫作用が刺激され、精子も巻き添えになって攻撃されてしまいます。

このように精漿には大切な役割がありますが、今日の希釈液ではまだカバーできていない作用です。

交配前に精漿で子宮を灌流すると産子数が増え[*]、精漿を含まない希釈精液でAIを行うと受胎率が低下したとの報告もあります[**]。

しかし、AIの原理を知り、的確な作業を行うことで、希釈した精液を使っても受胎率、分娩率を高めることは可能です。具体的な手順については第2章からお話ししていくこととし、次項ではコストパフォーマンスについてお話していきましょう。

[*]Murray FAら Increased litter size in gilts by intrauterine infusion of seminal and sperm antigens before breeding. J Anim Sci.56 895-900, 1983

[**]Rozeboom KJら The importance of seminal plasma on the fertility of subsequent artificial inseminations inswine J Anim Sci.78 443-448, 2000

2 コストパフォーマンス

　一口にAIと言っても、自農場で採取した精液を使う、いわゆるオンファームAIを採用する方法と購入精液を用いる方法があり、それぞれにメリットがあります。

　ここでは、NSとオンファームAIそして、購入精液のそれぞれの利点と、コストを見ていきます。

▶ NSとオンファームAIの違い

　まず、NSで考えてみましょう。筆者の計算では、20万円で購入した雄豚が30ヵ月、毎週1.5回交配したとき、1回の交配にかかる費用は、敷料代、ふん尿処理費用は別としてどんなに安く見積もっても3,600円を下回ることはありませんでした（**表1**）。

　これに比べて、オンファームAIでは、この1頭の雄豚から採取した精液が、平均15頭の雌豚に使えるのですから、かかる経費の安さは歴然です。

　精液採取室、処理室、そして内部設備に要した費用（**表2**）を10年の償却（この数字は飼養する雄豚の数に大きく左右されますが）として考えると、交配に要する経費を加えても、おおむね1ドース500円以下になります。

【表1】1回交配当たり経費の違い（母豚150頭規模）

	NSのみ	NS＋AI	AIのみ
経費（円）	3,800	2,400	1,700

出典：養豚経営収益アップのヒント（松嶋松一著）

　そして1頭の雄豚の遺伝子を多くの雌豚に供給するのですから、肉豚の均一性が強調されます。

　また、NSは危険な作業であるため、多くの農場では男性の仕事としてとらえられていますが、AIの交配作業の場合は、実は女性のほうが丁寧で高い成績を上げている農場が多いのです。男女の別なく担当を決められることもAIのメリットといえます。

　さらに有利な点がもう1つあります。それは誰もが期待する通り、夏場の交配成績をある程度維持できるということです。第2章で詳述しますが、雄豚は暑熱に弱く、いったん暑い日を体験すると70日間は雄豚として使えなくなります。しかし、NSの場合は精液の検査を行わないので、精子の異常に気が付きません。秋にな

【表2】AIに使われる器材リストと単価の概算

	品名	仕様	用途	単価（概算価格）
採取	擬牝台	成若兼用型	精液採取	¥135,000
	採取用保温器	ステンレス製温度計付	精液の保温	¥22,000
	採取瓶	500㎖着色メモリ付	精液採取	¥2,500
検査・希釈・保存	顕微鏡双眼	×100、×400	精液検査	¥180,000
	スライドウォーマー	TOS-L3枚用	精子活力検査	¥152,000
	カロリーメーター	WPA	精子濃度測定	¥205,000
	分光光度計用試験管セル	12本入	〃	¥2,200
	マイクロピペット	50～200μℓ	〃	¥25,000
	ピペット用チップ	1,000個	〃	¥8,000
	短型メスピペット	10㎖10本入	〃	¥6,200
	パイポンプ	メスピペット用	〃	¥1,500
	ウォーターバス	480×350×150㎜	希釈液製造	¥120,000
	赤色棒状温度計	0～50℃	検温	¥2,200
	ディスポスティック	10μℓ 10×50	検鏡	¥5,500
	クールインキュベーター	26×26×36㎝	精液保存	¥99,800
	乾熱滅菌器	450×450×450	器具滅菌	¥116,500
	マグネチックスターラー	HS-3B 3,000㎖	希釈液製造	¥31,500
	コニカルビーカー	2,000㎖～	希釈液製造	¥4,400～
注入・消耗品	カテーテル	深部注入500本入		¥80,000
	カテーテル各種	スポンジ、スパイラル		
	精液ボトル	90㎖400個入		¥18,000
	希釈剤	1ℓ用（1箱250パック）		¥250,000
	精製水	18ℓ	希釈液製造	¥1,800
	カット綿	#5（500g）	注入時消毒	¥1,500
	消毒用エタノール	500㎖	注入時消毒	¥800
	ミルクフィルター	200枚入、23㎝角	精液採取	¥2,000

って妊娠鑑定をしてはじめて不受胎に気が付く農場も多いのではないでしょうか。

その点、AIでは確実に精液を検査し、正常精子数に基づいて希釈倍率を決めていますので、そういった心配はありません。繁殖成績の悪くなる時期に高成績を出すことができれば、間違いなく高相場のときに出荷頭数が増えることになります。

購入精液のコスト

次に購入精液での交配を考えてみます。

日本には精液販売会社は大きく分けて2つのパターンがあります。1つはデュロックを主体とするいわゆる止め雄の精液を供給する会社で、そのために純粋種の育種にも力を入れています。

このような会社では、日本の気候・風土に合った強健で飼いやすいタイプの追及と、食文化の求める肉質を育種に求め、販路を拡大しています。そのためには雄豚の生体のみならず、優秀な資質を持つものの精液を凍結や液状で輸入することもあります。

もう1つのパターンは、ハイブリッド会社の精液販売です。ハイブリッドとは、雑種強勢による育種法で、はじめは作物の分野でそのシステムが開発されました。日本が幕末のころ、ブラジルのコーヒーがサビ病で壊滅的な打撃を受け、価格が高騰し市場混乱を起こしましたが、これを解決し疾病に強い品種を開発したのが、ハイブリッドによる育種改良です。今日では、大豆・トウモロコシをはじめとする有用作物の耐病性や増産性に重要な役割を果たしています。

養豚の分野でも、飼料要求率の改善、強健性、肉質の向上、斉一性などの改良は世界的な発展を見せており、理論的には最も有効な育種法です。事実、東南アジアや南米の養豚発展途上国は競ってハイブリッド豚を飼養して好成績を出し、一層の生産コスト低減を実現しています。しかし残念ながら、せっかくの遺伝的資質を持っていても、日本ではそれを発揮する飼養環境が整っていない農場が目立つのも事実です。

基本的に、販売精液は毎週利用する精液のドーズ数（契約ドーズ数）で価格が決まっています。一般的には1,500～2,000円です。それに送料と梱包に必要な断熱パックが加算されます。割高感があるかもしれませんが、衛生管理上、精液購入農場から販売農場へ梱包材の返却はできませんので、納得できるシステムです。

各社ともに育種に関しては研究開発のために膨大な費用をかけています。特にハイブリッドではゲノム解析を行っているところもあり、一層の飛躍的な発展が期待されます。

購入精液は、交配に要する費用だけを考えれば、平均2,200円前後です。しかし、このような育種上のメリットがあるため、NSやオンファームAIとは、単純にコスト比較ができません。

購入精液かオンファームAIか？

農場の規模によって、オンファームAIを導入するか、購入精液でAIを始めるかという判断には、先の育種的付加価値も加わって難しいものがありますが、筆者は母豚200頭以上の規模であればオンファームAIを導入する価値があると考えます。

1週間当たりの交配頭数と飼養母豚数との関係をみると、未経産豚の繰り入れを加算しても、母豚100頭の場合、1週間の交配頭数は5頭、2回種付けをするので必要な精液数は10ドーズです。つまり母豚200頭では20ドーズ、300頭で30ドーズとなります。

母豚規模200頭以上で導入すべきとの根拠は、年間の精液購入費が200万円を超えるからです。毎年200万円払うことを考えれば、設備その他に使った初期投資費用は数年で回収できるはずです。この規模であれば、雄豚は2～3頭いれば十分です。

さまざまな要素を検討した上で、どちらを選択するかは経営者の判断であるといえるでしょう。条件はただ1つ、基本に忠実たる（熟練者になり得る）従業員が担当すること。

生産現場では、次々とやらねばならない作業が生まれます。AIの作業中も手早く仕上げて、次の作業に取りかかりたいという衝動にかられるに違いありません。AIはほとんどが1人で行う作業ですので、手順を省略したくなる気持ち

がわくかもしれません。しかし、交配に関する作業は農場の生産性を左右し、直接利益にかかわる重要な部署であることを認識して、手間がかかっても、基本に忠実であることが大切です。

そして、常に記録を取り、確実に作業手順を実行していることを第三者が確認できる体制をとると、大きなトラブルが避けられます。同時に成績が低下した場合の原因も追跡でき、年を経るごとに、担当者がいかに技術的に進歩しているかということも実感できます。

第2章

精液採取と衛生管理

1. 器材と採取室、処理室の衛生管理
2. 雄豚の調教・管理
3. 精液採取の準備
4. 精液採取
5. 採取した精液の処理
6. 購入精液を用いたAI

器材と採取室、処理室の衛生管理

衛生管理の重要性

オンファームAIの実施に当たって最も難しく、しかも最も重要なのが衛生管理です。精液採取から、検査、希釈、保存、分注とそれぞれの工程で常に注意しなければならないのは、ほこりや雑菌など異物の混入と急激な温度差です。

農場の一角にAIセンターを設置するとき、豚舎の排気を受けないように、豚舎の風下にならないような配置と構造を考慮しなければなりません。

また、精液を採取した従業員がそのまま精液検査、希釈作業のために処理室に入ることはやむを得ないでしょうが、採取したとき（豚に接触したとき）の着衣は処理室に持ち込んではなりません。処理室専用の作業着（白衣など）に着替えてから入室するようにします。

衛生的にきちんと処理された精液は受胎率、産子数に表れます。逆に、繁殖成績がいま1つ物足りなくて子宮内膜炎が減らないと感じている農場は、AIの全工程の衛生管理を再考すると

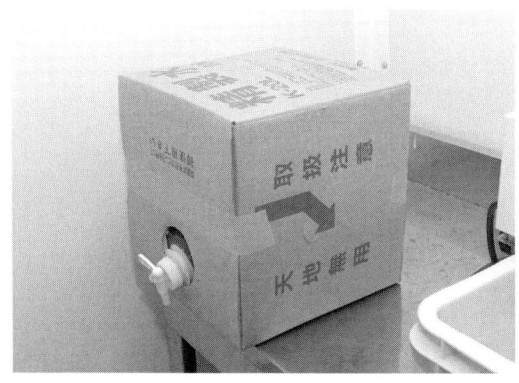

【写真1】精製水を設置し、器具の水洗後のカルキ落としや希釈液の作成時に使用する

【写真2】雄豚の乗駕欲を損なわないよう、擬牝台に乗るまで作業者が隠れておく避難スペースをつくる

【写真3】採取室には水道を設置し、採取が終わった後に床、壁を水洗できるようにする

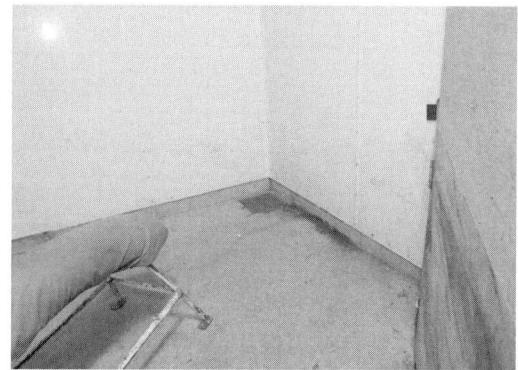
【写真4】排水溝の設置。採取の翌日には採取室内が乾いているようにする

【写真5】パスボックスの設置。採取精液の受け渡しの際、採取室の空気が直接ラボに入らないようにする

【写真6】処理室は清潔に保つ

意外と改善点が見出せるかもしれません。

AIを実施している農場では受胎率が85〜90％までは比較的容易に到達できています。しかし90％から1％上げるには大変な努力が必要になってきます。そのときに優劣の差を決定するのが、担当者の衛生管理意識と手際のセンスです。

かつての養豚産業において豚肉価格変動はピッグサイクルと呼ばれ、クモの巣理論で説明されてきました。しかし養豚経営者は相場師ではありません。常に安定生産、安定出荷を追及しています。

日本の豚肉価格変動サイクルは、特別な社会的要因や特定疾病の侵入がない限り、一定しています。すなわち、梅雨明けから急に高温多湿な環境となり、雄豚・雌豚ともに食滞を起こして栄養不足となり環境に耐えるのが精一杯です。雌豚はとても発情どころではなくなります。授乳中の母豚が泌乳しなくなる、離乳後の発情が弱くなる、微弱でも発情の兆候があったから交配したけれども受胎しないなどを繰り返して、7〜9月の種付け数が少なくて11〜12月の分娩数が少ない、だから5〜6月は豚肉価格が高騰しているのだけれども、農場には出荷する豚がいない、というパターンを毎年繰り返してしまいます。

先にも述べましたが、AIでは採取した精液を検査して良好な精液だけを発情している雌豚に交配するのですから、NSに比べると受胎率は向上します。夏の貴重な交配のチャンスを確実に受胎させるためにも、精液を取り扱う処理室

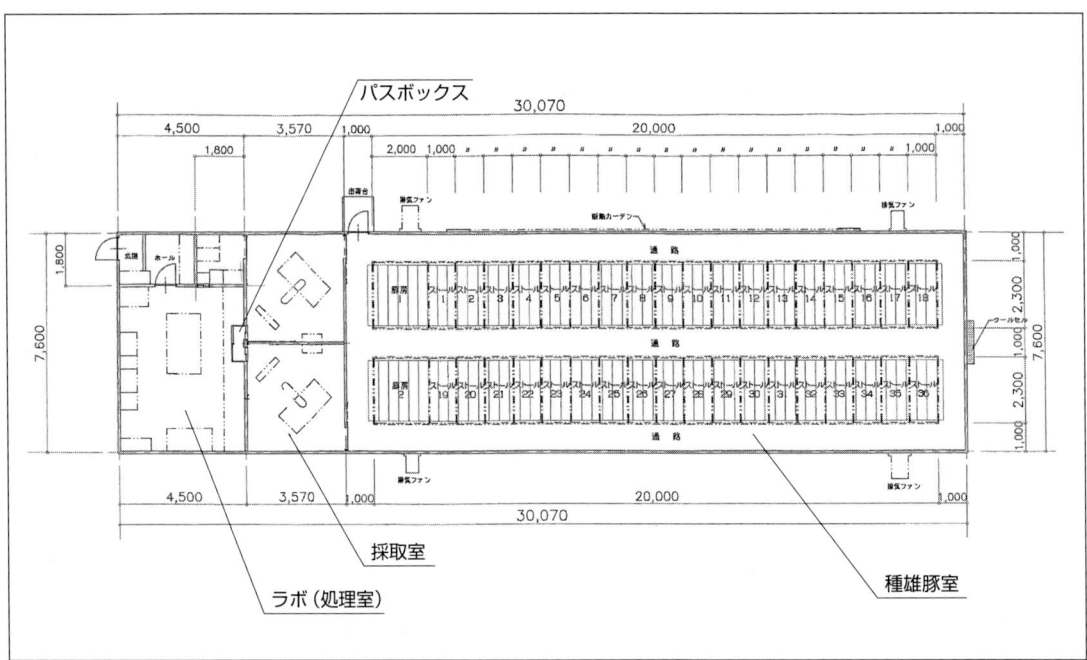

【図1】母豚2,000頭規模の農場のAI豚舎平面図。処理室が精液採取室に隣接したところに設置されている

　図1は母豚2,000頭の農場で筆者が実際に計画したAI豚舎の平面図です。この種雄豚室に収容している雄豚はすべて精液採取に使うものです。繰り入れ予定の候補豚は調教のためこの中に含まれますが、当て雄はかつてNSを行っていたときの雄豚房（交配豚舎）に収容しています。ウインドウレス豚舎で入気口はほかの豚舎からの排気が入らないよう妻側に設け、新鮮な空気を取り入れるように工夫しています。1棟36頭収容で、最大換気量は1万2,000m³／時、夏はクーリングパドを使って入気しますので風速2m／秒、面積は1.6m²を確保しています。
　母豚2,000頭では1週間の種付け頭数は100頭、2回付けの場合に必要な精液は200ドーズです。これを毎週月曜日に1日で製造し、1週間以内に使い切ります。採取者は2名で、採取後には精液のみ、パスボックスを経由して処理室に入れます。処理室では直ちに精液検査をして希釈倍率を決め、あらかじめ用意しておいた希釈液で速やかに希釈します。通常、雄豚の係留施設と採取室、この処理室は同一棟につくられるケースが多いですが、種雄豚室や採取室の空気が処理室に入らないような構造にすることが大切です。
　またこのAI豚舎では採取室と処理室にはエアコンを設置しており、冬季は20℃、夏季は27℃にしています。

を衛生的かつきれいな状態に維持しなければなりません。

▶ 雑菌が与える影響

　とはいえ、現場では毎日多くの作業をこなさなければなりません。生き物を扱っている宿命でもあります。忙しさゆえに認識が甘くなりがちなのが衛生管理です。
　飼養している豚が発症し、食滞すればその対処に躍起になりますが、AIなどの衛生管理の重要性については、目に見えないことなのでなかなか気が付かないのが実情です。ここでは衛生管理の重要性について説明したいと思います。
　直接豚の体内に挿入されるAI用のカテーテルは、農水省の定める動物用医療用具としての認可を受けなければなりません。そしてそれは個別に包装され、滅菌消毒がなされていること、体内に挿入したときに材料の溶融がないことなどが前提です。豚の生殖器官はそれほどデリケートなのです。

第2章 ▶ 精液採取と衛生管理

【写真7】処理室には外気が入らないよう厳重にふさぐ

　雌豚の体内には異物を体外に排除しようと攻撃する免疫機能があります。精液そのものも異物と認識されて攻撃を受けますが、もし注入する希釈精液の中に高濃度に雑菌が入っていれば、この免疫をさらに刺激してしまいます。こうした精液では、子宮頸管部で射出された後、子宮体に到達するまでの間に、免疫細胞に過度に攻撃される可能性があります。

　子宮体の中は無菌です。そこに精液に付着した雑菌が侵入すれば子宮蓄膿症の原因になります。ましてや妊娠期の黄体ホルモンが分泌されている時期は免疫が落ちることが知られています。どう考えても雑菌が大きく影響する要因になる状況です。また精液の希釈剤は精子が運動するための栄養を十分蓄えている栄養源です。これは雑菌にとってもそのまま繁殖を促進する培養液となるのです。

　筆者は仕事柄、生産現場を見せていただく機会が多いのですが、AIをやってみたが受胎率が悪い、産子数が少ないという農場によく出会います。原因として交配のタイミングが読めていない、精液の特性を理解していないのでロスが多いなどがありますが、そのほかに、採取時と精液処理過程の衛生問題が気になる場合が多いように思えます。

　処理室は、あくまでも精子にとって良い環境で、検査・希釈・保存がなされる場所でなければなりません。このスペースの衛生状態がそのまま農場の繁殖成績を左右する、大切な場所であることを認識していただきたいと思っていま

す。

使用する器材・器具の管理

　AIにはさまざまな器材や器具を使用します。精液採取、処理、保存、注入に要する器具はできるだけ使い捨て（ディスポーザブル）が理想的です。それは洗浄、乾燥、保管の手間と同時に、雑菌汚染の危険性を回避することにもつながるからです。しかし、ランニングコストと作業性を考慮すると、どうしても使い捨てにできないものも数多くあります。洗浄して毎回繰り返し使うものには、管理マニュアルをつくり、衛生管理を徹底しなければなりません。

　例えば精液に直接触れるガラス器具類は、洗剤で洗浄後、油膜が残っていないかを確認して、洗浄に使った水道水のカルキを洗い流すように器具の内側に精製水（**写真1**）を掛け流します。

　洗浄後は乾熱滅菌器で処理します。設定温度は通常130℃で15分程度。これで熱に強いとされている芽胞菌でさえ、ほとんどは死滅します。

　顕微鏡やカロリーメーターなどの検査機器は光源の熱が冷めているかを確認してから、きちんとカバーをかけておかなければなりません。レンズにカビの生えた顕微鏡では、精子の性状検査があいまいになってしまいます。

採取室の構造

①作業者の避難スペースをつくる

　採取室は、雄豚が乗駕の際に十分ジャンプできるスペースと、射精中に雄豚がスリップして転倒しても、管理者が逃げられるスペースを確保しなければなりません。

　また、擬牝台に乗駕したら、速やかにペニスを握って勃起させ、雄豚がいたずらに擬牝台で興奮し過ぎないようにします。そのためには採取室の中で待機する必要がありますが、雄豚にとって交尾は特に無防備となる動作なので、一

層神経質になり、人影を見るとジャンプしない豚も出てきます。また何度かジャンプしても擬牝台に届かなかったり、スリップを繰り返したりすると、興奮して、急に管理者に八つ当たりをする場合もあります。そんな危険を回避するために、採取室のコーナーに盲壁を使った避難スペースをつくります（**写真2**）。

精液採取の作業が終わったら、擬牝台も床も毎日水洗できるように、水道配管（**写真3**）と排水溝（**写真4**）を設置しなければなりません。そして水洗後は通気して、翌日の精液採取のときに壁、天井に水滴が残らないようにします。

1週間の管理プログラムが組まれていて、毎週月曜日に精液採取を行い、1週間に必要な全ドーズをつくって、インキュベーターに保存しておくのが一般的です。精液採取日（処理日）の前日には、もう一度水洗をして、採取時にほこりが立たないように注意したほうが良いでしょう。

②ゴムマット・照明の設置

擬牝台の下には黒いゴムマットを敷いて、精液の濃淡を識別します。

採取時の精液の状態は、照明を採取瓶の側面から当てるほうがよく分かります。希釈剤によっては精液の濃厚部分だけを採取する場合がありますが、それがより明確になります。

濃厚部分だけを採取するには熟練が必要です。当初ははじめの射出分だけ捨てて、それ以外は全量採取から始めたほうが良いでしょう。

③採取室の衛生レベル

作業終了後には必ず洗浄しなければならない採取室ですが、あくまでも直接豚に接するスペースなので、衛生レベルは作業着レベルです。

採取した精液は処理室で検査、希釈、保存しますが、ここの衛生レベルは白衣レベルです。作業着レベルから白衣レベルに引き渡されるものは、唯一採取した精液だけです。採取後直ちにラボに精液を渡すために、パスボックスを設置します（**写真5**）。パスボックスは、採取室側とラボ側からそれぞれに開閉ができるように二重扉を使い、採取室の空気が直接ラボに入らないように工夫します。

 ほこりが舞わない処理室にする

併せて考慮しなければならないのが、処理室（**写真6**）の衛生管理です。最近では机や床、棚などの掃除にオゾン水を使う農場も増えてきました。殺菌力が強く残留の心配がないオゾン水は重宝します。近年、コンパクトで使いやすい製造器が数多く出回っています。

ほこりやちりが浮遊しているところでは、きれいな希釈精液はつくれません。精子はほこりに集まって団子状のかたまりとなり死んでしまいます。そのためつくっても保存性が悪くなり、受胎率の低下にもつながります。

処理室にカテーテルやサドルなど精液注入時に使うものを収容しているために、AIのための資材置き場になっている農場もよく見かけます。しかしダンボールを積めばそれだけほこりが舞い飛びますし、その資材を取りに不特定の人が出入りするようになっては、良い管理ができなくなります。資材庫は別に設けてください。

 処理室の入気

同様に注意しなければならないのが、処理室の入気です。処理室は雄豚の繋留されている交配豚舎に近いところに設置されるのが一般的ですが（**図1**）、風向きによっては豚舎内の排気が直接入り込むレイアウトになっている農場も少なくありません。豚舎からの排気は雑菌とほこりとウイルスのかたまりですので、せっかく処理室内をオゾンなどで除菌しても無駄になってしまいます。入気口は密封し（**写真7**）、外気が処理室の内部に入らないようにします。また、処理室の入り口も二重扉にすることが理想的です。

世間を騒がせた新型インフルエンザウイルスの発生は、世界中の人々を不安に陥れましたが、これによりマスク、病院の隔離室の空調システムなど、防ウイルス対策が発達したのも事実です。そして、病院に使われているエアフィルターは畜産用に改良され、発売されています。

　アメリカとカナダの大学でその効果を試験した結果、95％以上のPRRSウイルスをカットしているという報告がありますので、入気量の少ない処理室では低コストで設置できる良い方法の1つです。

　養豚において、特にSPFやMD化プログラムなど衛生レベルの向上は、食肉産業の安全・安心の促進に貢献し信頼を得ていますが、このエアフィルターはさらなる衛生管理向上の一助となるでしょう。

❷ 雄豚の調教・管理

▶ 理想的な雄豚の体型

　最近のAIでは深部注入法などの技術の進展に伴い、少ない精子数で授精が可能になり、1頭の雄豚から採取された精液は多くの雌豚に交配されるようになりました。それだけ雄豚の精液の質が求められることになります。雄豚からは産子数など能力的特性よりも体型、骨格構成、ロース面積などに表現される体形的特性の方が遺伝率の高いことが分かっています。

　育種においては、雌豚に繁殖能力、母親としての子育て能力、泌乳力などが求められ、雄豚には発育性、強健性、産肉性、肉質などが求められます。ここではこれら雄豚に求められている形質の外見的特徴について述べます。

①骨格構成

　雄豚は種豚として使用されると体重が300kgを超える大きさになります。四肢でその体重を支え続けますので、骨格構成は特に重要です（図1）。

　前肢は前腕骨から上腕骨、肩甲骨へと90°に近い角度をもって連結しています。後肢は下腿

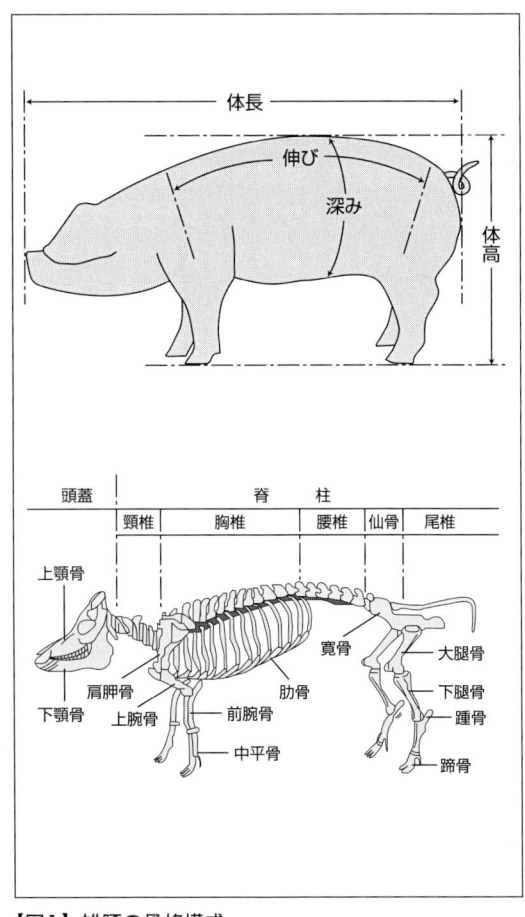

【図1】雄豚の骨格構成

骨から大腿骨へ関節を通してつながりそれぞれ運動時の体重を支え、最終的には弓状の脊柱に吸収されます。

例えば、前足がつま先立ちしていると体重の負荷が不自然で、うまく歩けなくなり、運動に伴って発達する筋肉も不自然になります。正しい骨格構成で歩幅が大きく、ゆったりとした歩き方をする雄豚が望まれます。

前肢、後肢ともに蹄が大きくて均等に左右に分かれ接地面が安定している豚は、乗駕が上手です。併せてしっぽの位置が高いところにある豚は後肢が腹側に入らないので、尻もちをつくことが少なく、擬牝台に乗っているときも安定します。このときに後肢が不安定な豚は、精液採取が危険になるばかりでなく、ペニスも十分に勃起できず、射精する精液量も少なくなります。良い豚を選ぶには生体を見て、その豚の骨格構成をイメージすることが大切です。

もう1つ、種豚の選定で骨格を観察するポイントは骨の太さと形状です。太さはきびすやしっぽの付け根など筋肉が付きにくいところで判定します。太くて方形な骨が良いとされます。その理由は筋肉の付着面積が大きいので産肉性の高い豚になるということです。

②体型的特性

私たちが健康診断で身長、体重を測定するように、種豚の場合も体長、体高、体重は大切な要素ですが、それ以上に重要視されるのが伸び、深み、幅などと呼ばれる独特の観点です。

伸びとは肩甲骨から仙骨にかけての長さを言い、まさに豚肉としての価値が高いロース、ハムの産肉性を意味します。深みは背中から腹側の底辺までの距離を指します。産肉性においても大切ですが、幅といって、後ろから見たときの左右の距離と併せて観察し、前駆の容積の大きい豚は呼吸器官が充実し、後駆の容積が大きい豚は消化器官が充実していると考えます。過度に脂肪がのっていると判断を誤りがちですが、一般には歩いているときの肩甲骨の動きが分かり、首抜けといって頸椎部が脂肪の付着で

【写真1】理想的な雄豚

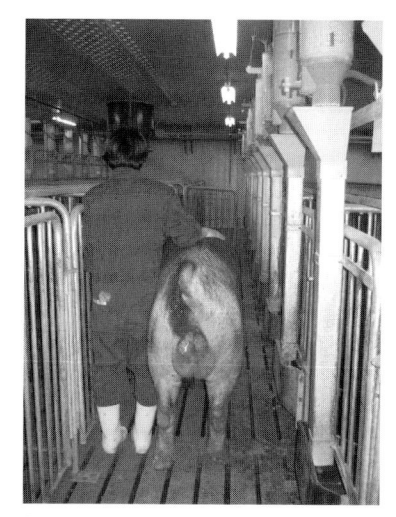

【写真2】雄豚の調教

重苦しくない豚が脂肪の付き過ぎを避ける選定ポイントです。

頭部は大きくて、下顎骨が発達して上顎骨がややL字型に湾曲しそしゃく力のあるもの、左右の目が大きく距離があり、目やにがなくて澄んでいるものを選びます。

繁殖性（子育て能力・泌乳力を含む）、連産性、強健性、産肉性など品種や性別によって追求する特性は違い、求められる体型や観点も違いますが、ここでは雄豚の産肉性と強健性を目標にした体型の観点のみを述べほかは省略しま

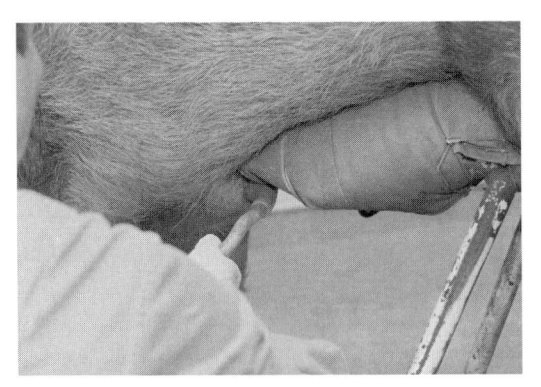

【写真3】乗駕できるようになったら、包皮入り口の毛を切ってやり、精液採取時にペニスに触れないようにする

す。

写真1は、カナダのDGI社が供給した種豚を同社の育種プログラムに則り、フィリピンの育種会社が11世代にわたって交配を重ねたものです。巨大な華僑資本を基盤に、この生産農場も完全隔離された1つの島で育種創出した種豚で、近年ではめずらしいほど見事なデュロックです。

防疫の問題もあり、なかなか他農場の豚を見る機会は失われがちですが、豚を見る目を養うことも重要です。

▶ 雄豚の調教

雄豚の調教は、通常6ヵ月齢ごろから開始します。雄豚房からスムーズに採取室に移動させ、擬牝台にすぐ乗駕させて、十分な精液を射出させることが目的です。

①採取室への移動

豚房から出すときは必ず声をかけて、これから採取室へ行くことを知らせます。これを繰り返すうちに、雄豚は安心して豚房から出られるようになります。

採取室に入る前に、ほかの雄豚とにらみ合って興奮すると乗駕欲が低下することがあります。採取室までの通路周辺にほかの雄豚の豚房が来ないよう、配置には気を配りましょう。

②擬牝台への乗駕

せっかく擬牝台に乗ってペニスを伸ばしたのに、いきなり冷たい手で強く握られると、発情豚にかまれたと勘違いして驚き、擬牝台から降りてしまうことがあります。採取瓶を入れている温湯入りの保温ジャーやカイロなどで手指を温めておきましょう。

また、床がぬれて滑る状態だと雄豚が転倒し、擬牝台を怖がって乗らなくなることがあるので注意が必要です。

擬牝台に乗って、腰を動かしながらペニスを10～15cmほど伸ばし始めたら、先端のらせん部分を暖かい手で握り、ペニスが伸びて硬度が高まるのに合わせて、手の把握力を増加し、擬牝台での雄豚の安定と精液の射出を促します。勃起の途中にはペニスが粘液で滑りますが、決して手を離してはいけません。雄豚の調教と同時に、管理者の採取の訓練も大切です。

また、調教で最も大切なことは、擬牝台に確実に乗駕させ、雄豚が満足するまで完全に精液を射出させることです。これには根気と忍耐が必要です。いったん採取室に入れた雄豚は、乗駕して射精が終わるまで豚房に戻してはいけません。乗駕しないからといって戻してしまうと、次の採取時はもっと乗駕しなくなります。

擬牝台に興味を示さず、一向に乗駕の気配のない雄豚は、管理者が擬牝台の向こう側からジャンプを促したり、近くに立ってあおることも必要です。また乗駕を促すには、発情豚の尿やほかの雄豚の精液のにおいをかがせることも有効です。雄豚を一連の作業に慣れさせるためには、常に同じ管理者が接し、警戒心を与えないようにしなければなりません。

調教によって精液をスムーズに採取可能にすることは特に重要です。実際に採取を行う際、いつまでも擬牝台に乗らないでいると採取用に準備した保温ジャーが冷え、精子に悪い影響を与えてしまうことがあるので、注意が必要です。

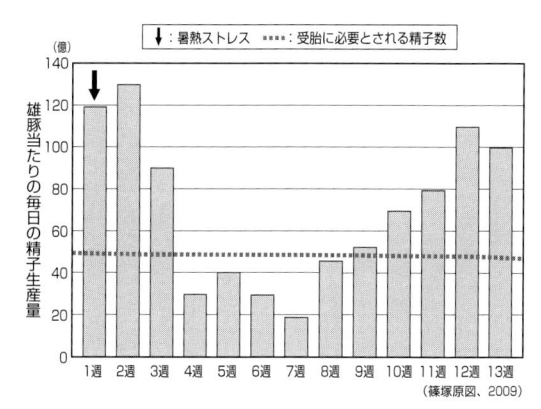

【図2】暑熱ストレスによる精子数の減少と回復

雄豚が擬牝台に乗れるようになったら、定期的に包皮入り口の毛を切ってやります（**写真3**）。そうしないと勃起し始めたときに、採取者がペニスと毛を一緒に握ってしまいペニスを傷付けたり、毛が邪魔してそれ以上勃起できなかったりします。

同様に、包皮内洗浄も定期的に行います。通常は加熱殺菌した生理食塩水を38℃に温め、針を外したシリンジなどで注入、尿だまりがあればよく絞ってから洗浄します。削蹄が必要なときは、ロープで雄豚を保定して行います。

▶ 乗駕欲・精液の質を保つための栄養管理

乗駕欲減退の原因として、栄養不良があります。特にわが国の夏は高温多湿で、種豚の食欲低下は当たり前のようにさえ考えられていますが、実は重要な問題を抱えています。

飼料の値上がりなどがあると、飼料添加物を省いて、経営の効率化を図ろうという努力をされる農場もありますが、雄豚の健康や成績を考えると、もう一度必要な栄養を考慮する必要があります。

射精される精液は、雄豚の体内で5週間かけてつくられています。そのため、暑熱でバテている雄豚の体内では、すでに元気な精子がつくられ、眠っているわけです。雄豚は34℃以上の高温ストレスを受けると、精子をつくる能力が低下すると言われています（**図2**）。つまり夏の一番暑い時期より、その5週間後の交配から不受胎が発生することになります。機能の回復までは、さらに5週間を要します。NSでは、雄豚が乗ったから安心、と思いがちですが、その精液を採取して調べると無精子症になっていたり、異状精子が多発していることもめずらしくありません。

雄豚の造精機能を高めるための栄養の補給は、季節的にではなく、1年を通して行われなければ効果が低減します。特にビタミンE、ビタミンC、ビタミンB$_2$、葉酸、ミネラルなどを継続的に投与すると、雄豚の活力と精子性状が向上します。

夏の繁殖障害が多発する時期に、検査した確実な精液をAIで注入することは、繁殖成績の向上と、年間を通じて肉豚の安定出荷を可能にする大切なポイントになります。正しい手法を身に付け、繁殖成績を向上されることを切望します。

3 精液採取の準備

　本章②で、擬牝台に乗ったら速やかに、そして確実にペニスを握って射精させることが重要であると書きましたが、それと同じくらい大切なのが、採取後の精液の処理です。

　精子は極端に温度差を嫌います。急激な温度低下は精子を死滅させることにつながります。そのため、採取後は精液を急激な温度低下から守りながら、精子の運動性、奇形の有無、精子濃度などを検査し、速やかに希釈剤で保護することが必要なのです。精液を採取する前に、一連の準備をしておかなければなりません。

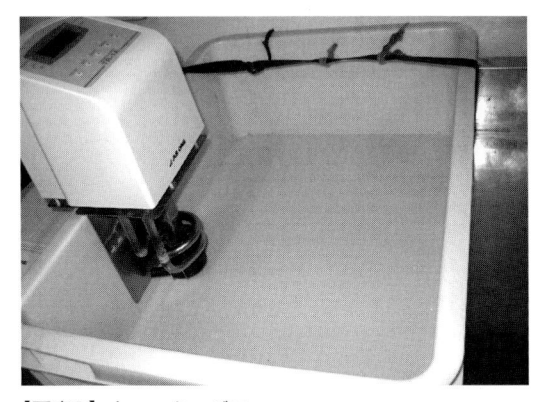

【写真1】ウォーターバス

▶ 精液希釈剤をつくっておく

　一般的な精液希釈剤は、37℃の精製水1ℓで溶かすように指示されています。コニカルビーカーなどに入れた精製水をウォーターバス（**写真1**）で37℃に温め、希釈剤を入れ完全に溶かします。このとき、マグネチックスターラー（**写真2**）を使って撹拌すると便利です。

　希釈剤が完全に溶けていないと、精液を混合したとき、中の精子が希釈剤の固形物にくっついて死んでしまいます。精子はあたかも卵子と受精するかのごとく、射精後は異物にぶつかる

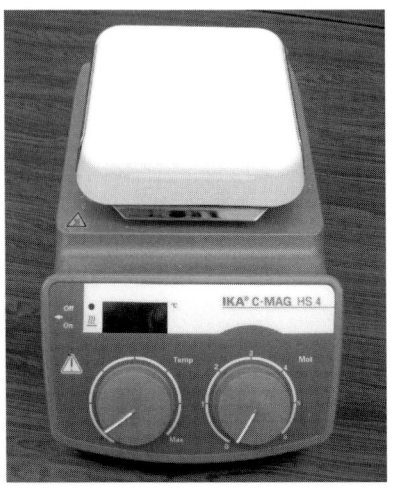

【写真2】マグネチックスターラー

と中に入り込もうとする性質があります。精子のかたまりが多い精液は、採取中にほこりなどが入ったか、希釈剤が完全に溶解していないかのどちらかです。

つくった希釈剤は、使用するまでの間、希釈液を混合するときの精液温度を想定して、ウォーターバスの中で35℃に保ちます。

採取時の精液の温度は37～38℃で、人為的に精液を温めることはありません。保温器具を使って急激な温度低下を防ぎ、17℃で保存した後、その保存温度のまま雌豚の体内に注入します。すると体温で自然に精子が休眠から覚めて、遊走していきます。

▶ 検査機器の準備

①顕微鏡

通常の光学顕微鏡（**写真3**）は、接眼レンズと対物レンズで試料を拡大して観察します。精子の運動性（精子の活力と走行性）を観察するときは100～200倍にして、広範囲で精子の運動性と精子濃度の概要を観察します。

このとき、精子の運動性を正しく判断するためには精子が活動するのに適した環境、37～38℃の状態に保たねばなりません。温度が低下するとたちまち精子は活動を停止します。

精子の奇形を観察するときは400～600倍に拡大しますが、倍率を高くすると光が試料を通過してしまうので見にくくなります。そのため、奇形観察のときは染色液を使ってはっきり見えるようにするのが一般的です。

一方、位相差顕微鏡は試料から反射される可視光線の屈折率の相違を、明るさの相違に変えて観察できるようにした顕微鏡で、コントラストが明瞭で見やすいのが特徴です。農場で精子の奇形を観察するときも、染色しなくても十分見えるようになります。

言うまでもなく顕微鏡はとても精密につくられている高額な器械です。その管理には特に気を付けてください。農場現場で使用しますので

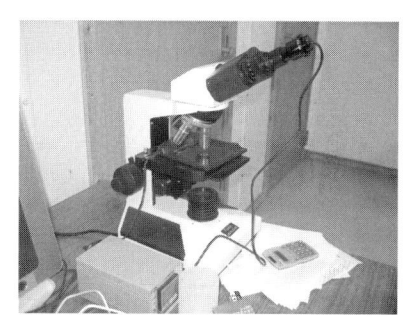

【写真3】光学顕微鏡

ほこりや傷がつきやすく、接眼レンズや対物レンズにカビが生えたり、ほこりが付着して、精液中の異物なのか外部のほこりなのか判断できなくなるケースをよく見かけます。

採取・処理した希釈精液に精子以外の異物がない状態を保つことは、保存性を高めるだけでなく、受胎率・産子数などの成績にも影響する大切な工程です。もし処理した希釈精液に異物が混入している場合は、どの過程で混入したのか調べる必要があります。そのためにも、顕微鏡は常に清潔で、ほこりのないところで保管し、必ずカバーをかぶせ、ケースに収納するよう心がけなければなりません。

②スライドグラス加温プレート

採取した精液中の精子は37～38℃でないと活発な運動をしないため、顕微鏡で検査する前に、スライドグラスを温めておく必要があります。このために使うのがスライドグラス加温プレート（**写真4**）で、顕微鏡にセットして、そのまま検鏡するのが一般的です。37℃で精子の運動性が確認できます。

インキュベーター（**写真5**）で保存されている精液の活力（運動性）を確認するときは、加温プレートにセットした精液が休眠から覚めて、運動を開始するまで数分かかりますので、決して即断しないでください。また、希釈剤のなかには温度ではなく、ほかの試薬などで活力を確かめる特殊なものもありますので、注意が必要です。

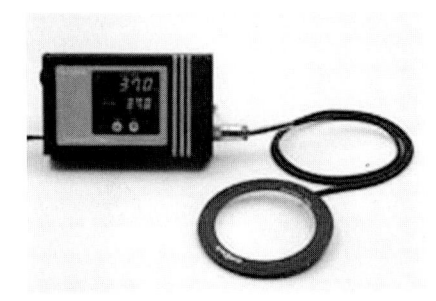

【写真4】 スライドグラス加温プレート

【写真5】 インキュベーター

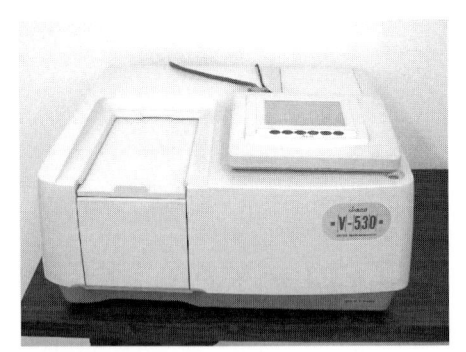

【写真6】 カロリーメーター

【写真7】 分光光度計

③カロリーメーター、分光光度計

カロリーメーター（**写真6**）や分光光度計（**写真7**）は、採取した精液の精子濃度を測定するための機器です。採取後すぐに使えるように、あらかじめ設定をしておかなければなりません。

同時にこの測定器を使用する際には、生理食塩水や3.6％クエン酸液などを使いますので、使用する機器で指定された液を用意しておく必要があります。

かつては、農場でもスライドグラスに小さいマス目が引かれたもの（血球計算盤）を使い、マス目の中にいる精子を数えていましたが、現場で行うにはあまりに煩雑過ぎることが欠点でした。これに比べると、カロリーメーターは誰にでも容易に扱うことができます。

ただし、カロリーメーターは計測部分にほこりなどが入ると光の透過率が狂ってしまうので注意が必要です。使用後は確実にカバーすることを習慣付けましょう。また年に2回程度、メーカーの提供する透過率調整サンプルなどで誤差を修正すること（カリブレーション）も重要です。

④採取の際に必要なもの

採取瓶（**写真8**）、保温ジャー（**写真9**）、フィルター（ガーゼ）、ティッシュペーパーなど、雄豚が乗駕したら速やかに採取ができるように準備しておくことが大切です。

フィルターは採取瓶に装着しておきます。保温ジャーにはあらかじめ37℃の温湯を入れ、採取瓶をセットし、瓶を温めておきます。最近は温湯を使わない採取器も多く普及していますが、できるだけ採取した精液との温度差でショックを与えないよう工夫されたものを選んだほうが良いでしょう。

冬の寒い時期には、冷えた手でペニスをつか

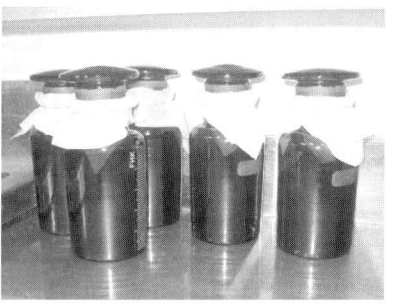

【写真8】保温ジャーを装着した採取瓶（左）と未装着の採取瓶

【写真9】保温ジャー

【写真10】ガラス器具は温度が伝わりやすいため直接机の上に置くのではなく、発泡スチロール板やタオルなどを敷く

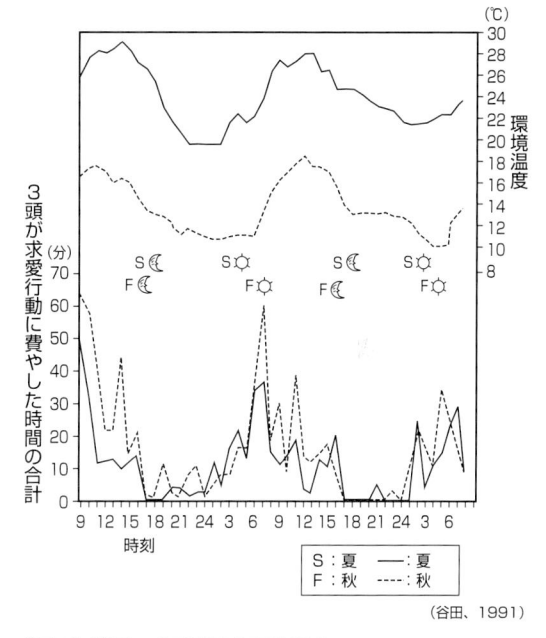

【図1】雄豚の求愛時間と環境温度
（谷田、1991）

むと雄豚を驚かせることになりますので、携帯用のカイロや保温ジャーの温度を利用するなどして、採取者の手指を温める工夫も必要です。

室内温度

38℃前後の温度で雄豚の体内から射出される精液がじかに接触する器具はもちろんですが、採取室や処理室（ラボ）も適温に設定しておくことが大切です。暑過ぎても、寒過ぎても雄豚の乗駕欲は低下します（**図1**）。冬季は20℃、夏季は25～26℃にするのが理想です。

また、採取した精液は、性状検査後速やかに希釈液と混合されますが、急激な温度低下を与えないように細心の注意が必要です。特に冬季、室温が20℃になっていても、作業机の上が冷たいままになっているときは、ビーカーなど精液の入った器具を直接机の上に置かないよう注意しなければなりません。通常はその温度差を緩和するために、発泡スチロールの板やタオルなどを敷いて作業します（**写真10**）。

4 精液採取

採取時の雄豚の扱い

　精液採取を効率良く、スムーズに行うには雄豚のメンタルケアがとても重要なポイントになります。まず繋留豚房から採取室に移動する間に、ほかの雄豚とにらみ合いながら採取室に入るような構造では、雄豚は興奮してたてがみを逆立て口から泡を吹き、採取どころではなくなり、採取しようとする従業員に襲いかかる危険さえ出てきます。また擬牝台の周りを人間がうろつくと、雄豚の気が散って乗駕しにくくなります。

　また、擬牝台の周りの床がぬれていると射精中の雄豚が急にスリップして転倒する場合があります。採取の際の最も危険なトラブルです。採取者は常に雄豚の安定状態に気を使わなければなりません。さらに、採取中でもとっさに避難できるスペースが採取室には必要です。

　雄豚が安心し、リラックスした状態で採取した精液は活力があり、受胎成績も良いといわれています。それ以上に、発情している雌豚に乗駕させて精液を採取した方がもっと精子の状態が良いというレポートもありますが、その方法では衛生管理に問題があるため、避けた方がいいでしょう。

　精液中の精漿は交尾時に精液と一緒に射精され、
①精子を子宮体内に運搬する
②精子の逆流を防止する
③膣内の酸性環境下でのpH緩衝
④精子の授精能獲得の補助
⑤精子の運動性を抑制（エネルギー保持）
⑥免疫抑制
などの役割を果たしていますが、なかでも免疫抑制作用は受胎率を確保するのに重要な役割を担っています。

　精液の採取、希釈、注入の過程で希釈精液に病原体や粉じんなど微小な異物が混入すると雌豚の体内では、射精された精液に対しそれを体内から排除しようとする免疫作用が一層強いものになり、精子が卵に到達する確率が一段と低くなります。

　採取室の衛生管理の重要性については前項でもお話ししましたが、AI成功のポイントとなります。特に、目に見えなくても粉じんが一番混入しやすい採取室は、採取前に水洗・乾燥が終了した状態にしておき、きれいに保つことが重要です。

第2章 ▶ 精液採取と衛生管理

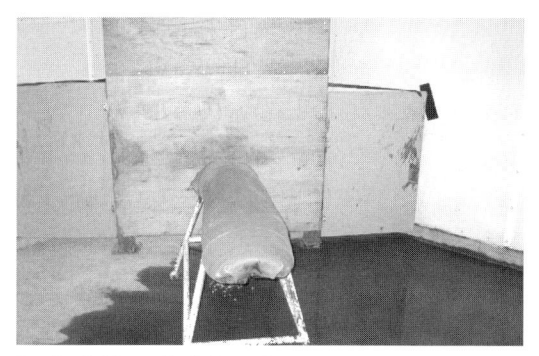

【写真1】雄豚が擬牝台に乗るまでは、盲壁をつけた避難スペースで待機する

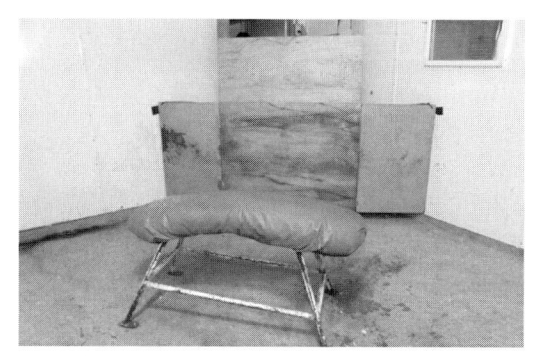

【写真2】若雌豚は擬牝台の正面に壁があると乗駕を嫌がる場合があるため、擬牝台の角度を変えるなど工夫する

▶ 乗駕・ペニスのふき取り

では、実際の手技について説明していきましょう。

前述のように採取室に導入した雄豚を擬牝台に集中させるためには、周囲に人影が見えないようにします。乗駕後速やかにペニスを握るためにはそばに付いている必要があり、このとき盲壁の避難スペース（**写真1**）の存在が重要になります。ただし、擬牝台に慣れていない若雄豚では、擬牝台の目の前に壁があると圧迫感を感じて怖がることがあるため、場合によっては擬牝台の角度を変えることも必要です（**写真2**）。

擬牝台にジャンプした後、雄豚は盛んに腰を前後に振りながらペニスを10～15cmほど伸縮させ続けます（**写真3**）。このときに先端のらせん部を握ると、ペニスを勃起させ、射精を始めますが、その前にペーパータオルでペニスの胴体部（陰茎体）の湿気をふき取ります。

勃起したペニスはぬめって握りにくいため、国内では生理食塩水であらかじめ洗浄してから、ペニス先端のらせん部を握って射精させる方法が一般的ですが、水や生理食塩水は精子に悪影響（浸透圧、水素イオン濃度）を与えるとの理由で、欧米では採取時には生理食塩水は使

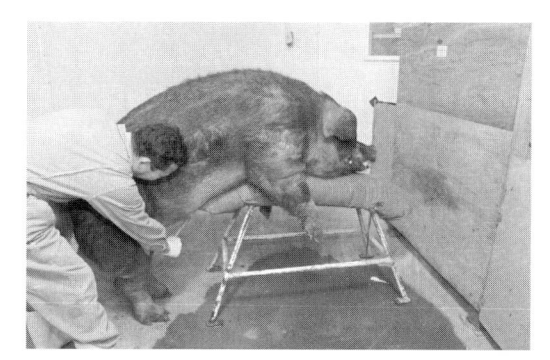

【写真3】雄豚が乗駕し、ペニスを伸ばし始めたら、雄豚の後側からペニスのらせん部をつかむ

いません。

同じ理由から、精液を注入するときに発情豚の外陰部がふんなどで汚れていても、水で絞った雑巾は使いません。乾いたペーパータオルでふき取り、アルコールを浸した脱脂綿（アル綿）で消毒します。アルコールは殺菌作用があるため、カテーテルの挿入はその後アルコール分が蒸発してから行います。

ティッシュペーパーを細長く折って、勃起したペニスの中央部（陰茎体）に巻きつけ尿のドリップを防ぐのも効果的な方法です。しかしこの場合、射精を終えた雄豚はすぐに擬牝台から下りてペニスを引っ込めてしまうので、ティッシュペーパーを外すタイミングに注意しなくてはなりません。

【写真4】人の手は雑菌が多いため、採取時には必ずグローブを装着する

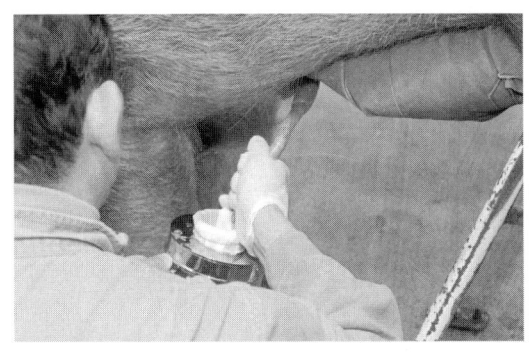

【写真5】フィルター付きの採取瓶に射出精液を採取する

▶ グローブの装着

　もう1つ、採取時に守らなければならない衛生管理にグローブの装着があります（**写真4**）。管理者の手指は、爪、しわなど複雑な構造をしているため、目には見えませんが多くの雑菌が付着しています。採取のときは、グローブを二重に装着し、雄豚を誘導、乗駕を促し、勃起させるまでは外側のグローブを使います。

　勃起を始めたらペーパータオルで陰茎をふき、外側のグローブを外し、2枚目の内側のグローブでペニスのらせん部を握ります。この一連の作業にはトレーニングと慣れが必要です。

▶ 採取

　射精が始まったら、最初に射出される精液（約10mℓ）は床に敷いた黒いゴムマットに落とし、採取瓶には入れません。この部分は細菌や汚れが多いため、採取すると精液全体の品質が悪くなってしまいます。

　射精はリズミカルで周期的です。勃起硬度が増してきたら射精します。そのリズムに合わせて、陰茎先端のらせん部を握る力に強弱を加えると雄豚は安心して射精を続けます。

　最初の射出（数秒間）が終わったら、次からはフィルターを装着した採取瓶に精液を取ります（**写真5**）。正常な精液は白色か乳白色をしています。茶色がかっていたり、ピンク色をしていたら出血している可能性があります。血液が混じっていたら、その精液は使えません。血液と精子は浸透圧が異なるため、精子が死滅してしまうからです。

　また精液をよく見ていると、真っ白だったものが、透明感のある精液になったり、米粒状の粘りのあるものが出てきたりしますが、通常は全量をフィルターに通します。米粒状のものはフィルターにブロックされ、瓶の中には入りません。これは「膠様物」と呼ばれる物質で、水分を吸収すると膨らんで、交配のときには精液の逆流を防ぐ栓の役割を果たすと同時に、精子の運動エネルギーにもなっていると考えられています。

　AIでは、希釈剤の中に代わりになるエネルギー補給物質が入っていますし、カテーテルが目詰まりを起こすのでこの膠様物は不要です。ちなみに注入に際しては、子宮頸管部を越えた子宮体のところまでカテーテルを挿入して精液を射出する「深部注入カテーテル」が近年普及しています。従来式のカテーテルでは、注入精液の50％以上が逆流ロスを起こしているとの報告がありますが、この膠様物の代わりになるものがないからかもしれません。

第2章 ▶ 精液採取と衛生管理

【写真6】必要量の採取が終わっても、雄豚が自分で擬牝台から下りようとするまでは、最後までペニスを離さないようにする

【写真7】採取後はフィルターを取り、採取瓶に迅速にふたをして、パスボックスへ

　フィルターで膠様物を取り除いた精液量は、通常150〜500mlになります。250mlが平均です。管理者はそれぞれの雄豚が通常射精する量を記録して覚えておき、事前に準備する希釈液の必要量を予測します。

▶ 採取終了後

　射精を開始した雄豚には必ず全量射精させ、自ら擬牝台から降りるまでペニスを放してはいけません（**写真6**）。雄豚の満足感は、次の精液採取時に良い結果をもたらすことにつながります。

　採取を終えたら、フィルターを外して精液（**写真7**）を速やかにパスボックスに収容し、雄豚を豚房に帰します。また、採取室は必ずその日のうちに水洗して、汚れの付着を防ぎます。
　かつて、雄豚が乗駕に早く慣れるように、擬牝台の表面に豚皮を巻く農場もありましたが、ほこりが付着しやすく、また水滴が乾きにくいので衛生面に問題があります。擬牝台はできるだけ水洗しやすいものを選んでください。
　精液採取時にいかに衛生的に扱い、採取した精液の中にほこりなどの異物が混入させないかによって、精液の保存性と受胎率などの繁殖成績が左右されます。AIを成功させるためには衛生管理の徹底が必要不可欠です。

5

採取した精液の処理

▶ 精液検査（顕微鏡）

①活力・運動性

　パスボックスに納められた精液は処理室（ラボ）の担当者によって回収されます。もし、精液採取を行った人が処理作業を兼ねて担当する場合は、精液採取に用いた作業着から処理室専用の衣服に着替えて、処理室に入るべきです。処理室では、白衣レベルの衛生管理を行ってください。

　パスボックスから取り出した精液は、まず採取量、色、においをチェックし、異常がなければ採取瓶ごと保温容器に入れ、急激な温度低下を防ぎます。その中から検査用の精子を取り出しますので、静かに採取瓶を回し沈殿している精子を均一にします。

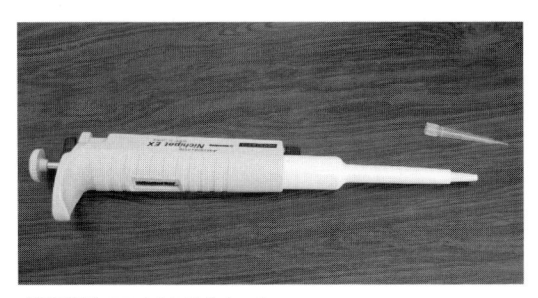

【写真1】マイクロピペット

　次にマイクロピペット（**写真1**）や白金耳、プラスチックストローなどを使って取り出した精液を、加温プレートで温められたスライドグラスに垂らし、カバーグラスをかぶせます。これをレンズの倍率が100倍になるようセットした顕微鏡で観察します。

　ここでは精子の濃淡（精子数）や活力、運動性を観察します。顕微鏡をのぞき、視野の中で

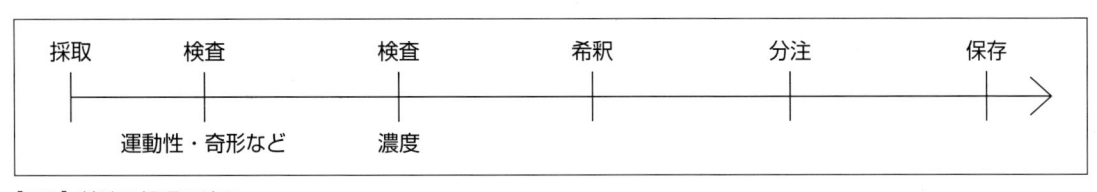

【図1】精液の処理の流れ

採取　→　検査（運動性・奇形など）　→　検査（濃度）　→　希釈　→　分注　→　保存

【図2】精子性状

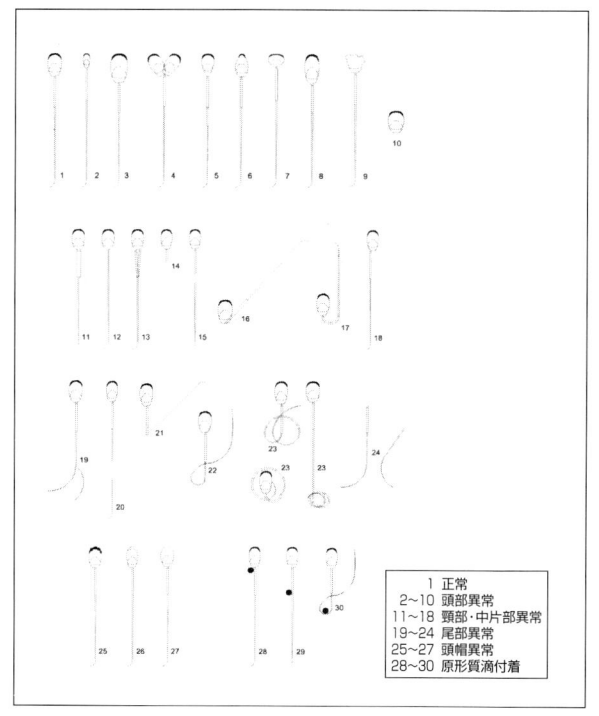

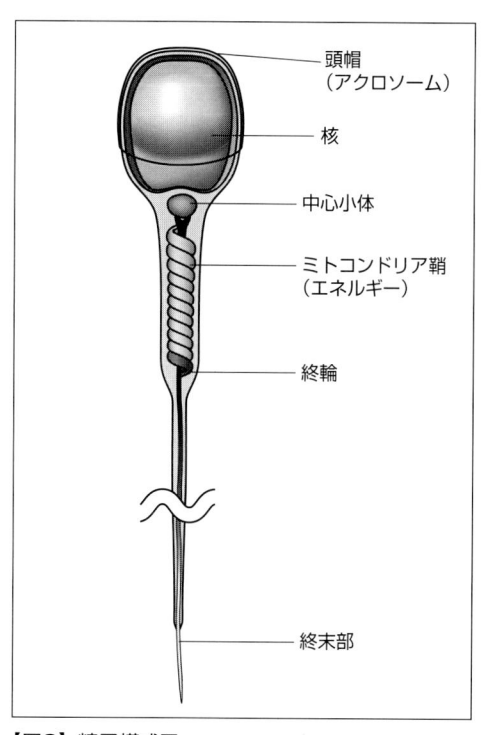

```
 1 正常
 2〜10 頭部異常
11〜18 頸部・中片部異常
19〜24 尾部異常
25〜27 頭帽異常
28〜30 原形質滴付着
```

【図3】精子模式図
- 頭帽（アクロソーム）
- 核
- 中心小体
- ミトコンドリア鞘（エネルギー）
- 終輪
- 終末部

活発に運動している精子の割合を確かめます。正常な場合は、95％以上が活発に運動しています。

運動のパターンも精子の検査には重要です。蛇行していたり、円運動をしている精子は良くありません。あくまで元気に直進しているものが理想的です。温度管理に不備があると、運動が鈍くなり、採取時にほこりなどの異物が入ると精子はそれに集まってかたまりになります。いかにきれいに精液を採取できるか、器具の扱いと採取室の衛生状態が、受胎率と産子数に影響するわけです。

②異常精子の確認

全体の精液状況が把握できたら、次に顕微鏡を400〜600倍にセットして異常精子を確認します。

奇形には頭部に異常があるもの、腹部に異常があるもの、尾部に異常があるものとさまざまです（図2）。事前に奇形の種類を理解しておかなければなりません。

400倍に拡大すると精子の形がよく見えますので、その中から奇形などの異常な形をしている精子を探します。例えば死んだ状態で精子の尾部が曲がっているものは奇形です。通常、尾部はまっすぐに伸びていなければなりません。また、精子の頭部や尾部に球状のものが付着しているものも正常な精子ではありません。

特に重要なのは、運動性はあるのによく見ると精子の頭部にかぶっているはずの帽子がはがれているものです。この頭帽をアクロソーム（先体）といいますが、卵子と接合したときに酵素を分泌して受精をつかさどる大切な役割を担っているのです（図3）。以前は希釈剤そのものが頭部の損傷を引き起こすことが多かったのですが、海外の研究ではこうした問題をクリアできるところまで進んでいます。今後、日本にもそうした技術の導入が期待されます。

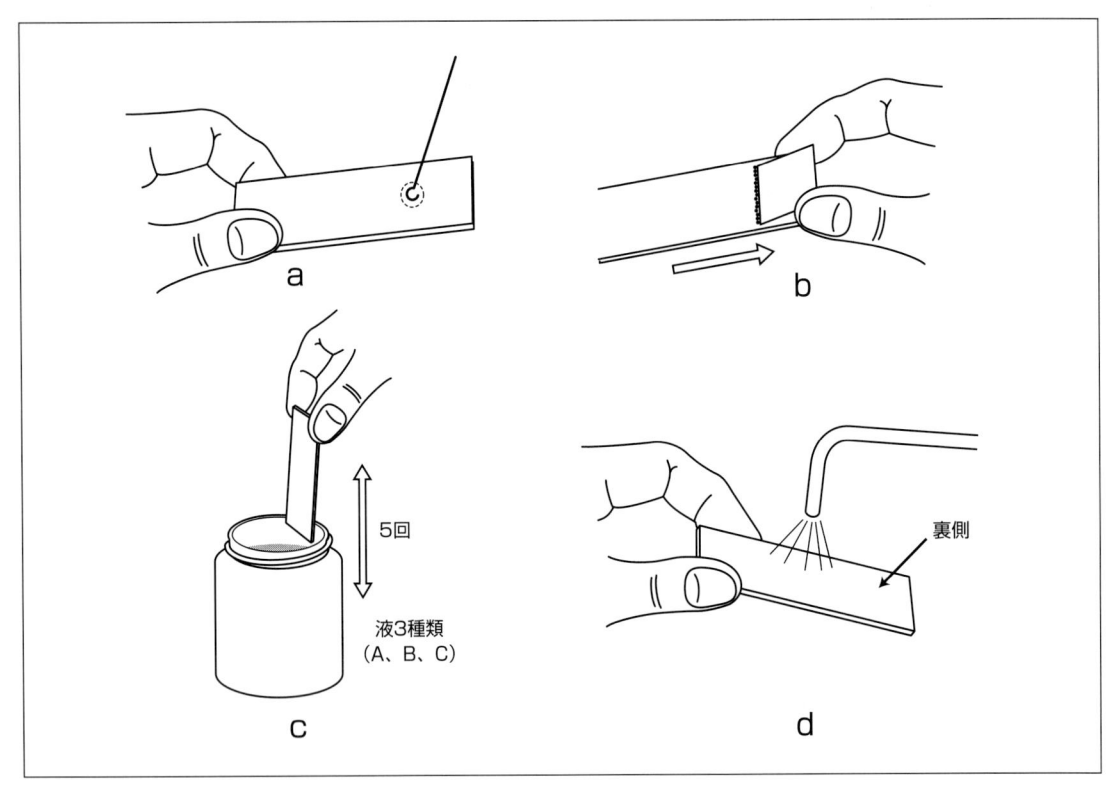

【図4】塗沫サンプルの作成方法

顕微鏡でのぞいた視野の中にどれだけの異常精子があるか数えます。この比率を総称して奇形率とします。奇形率が20％を超えている精液は使いません。

③塗沫サンプルの作成

前述のように、精子の奇形を観察するときは、個々の精子がはっきり見えるように400～600倍に拡大して観察します。最近の顕微鏡は性能が高く、検査する精子の染色をしなくても、奇形や異常精子の判断ができますが、交配に使用する雄豚の精液性状は常に安定しているわけではなく、栄養状態やストレス、周辺環境によって大きく変化します。そのために、良い状態の精子をサンプルに取っておくと、奇形など異常精子が多いときに比較できるので、異常精子の度合いが正しく認識され、発生原因の追及が容易になります。

また異常精子がいつもより多いと感じたときは、その形状と比率はとても大切な情報になりますので、染色して正確に観察し、その状態を把握することが大切です。

以下、塗抹サンプルのつくり方の一例をご紹介します。かつてはギムザ染色法が使われていましたが、最近はディフ・クイック法がより簡素化され、使いやすくなっています。

①まずスライドグラスの右端から1cmぐらいのところに、均一に撹拌された1白金耳量の精液を取ります（**図4-a**）
②次に、カバーグラスの一辺をその精液に付けると、毛管現象によってカバーグラスとスライドグラスが接している辺に均一に広がります。そうしたら左手で持っているスライドグラスをそのまま右側に（カバーグラスがスライドグラスの左端から1cmに来るぐらいまで）スライドさせます（**図4-b**）

第2章 ▶ 精液採取と衛生管理

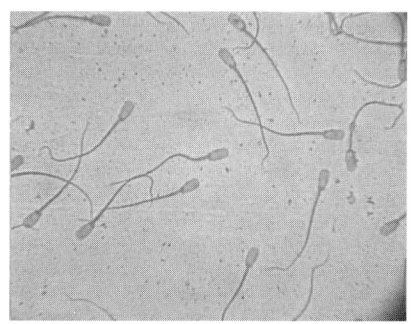

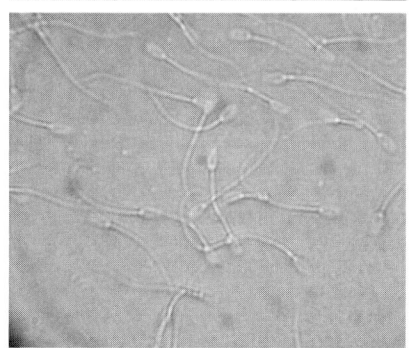

【写真2】上がディフ・クィック法による染色。下の無染色に比べて、精子の形状が確認しやすい

【写真3】カロリーメーターのセル。光を透過する部分は汚れると屈折率が変わってしまうので、絶対に触れないこと

③精液がスライドグラスに均一に塗布されたら、ディフ・クィック液のA液に5回出し入れします（ディッピング・この間5秒）。A液から取り出したらスライドグラスに付いている余分な液を振り切ります。同じ動作をB液、C液と繰り返します（図4-c）。A液は定着液、B・C液は染色液です。もしプレパラートの色が薄かったら、B、C液のディッピング回数を増やします
④染色が終わったスライドグラスを裏返し、裏側から精製水で洗浄して（図4-d）、冷風ドライヤーで乾かします

塗抹サンプルは精液採取、検査のたびに行う必要はありません。あくまでも精子性状が急激に変化したときや、産子数、受胎率の著しい低下など、詳しい検査が必要とされる場合につくります。

通常、養豚の生産現場では精液採取から検査、処理までの工程をできるだけ簡素化し、速やかに精液を保存できる状態にすることが大切です。

また、検査を行う際もできるだけ分かりやすい方法がとられます。例えば、顕微鏡は対物レンズと接眼レンズで試料を拡大して観察しますが、倍率を高めると光が試料を通過してしまうので見にくくなり、そのために染色してはっきり見えるようにしています。こうした問題は、試料から反射される可視光線の屈折率の違いを、明るさの違いに変えて見やすくする位相差顕微鏡を用いることで解消され、染色をしなくても判別できるようになります。

精子濃度の測定（カロリーメーター）

メーカーにより仕様は少しずつ違いますが、カロリーメーター（比色計）、分光光度計は一定量の精液に光を通して、その光の透過率で精子濃度（精子数）を測定する機械です。前にもふれたように、かつては血球計算盤で規定のマス目内にいる精子数を数えていましたが、生産農場の現場では作業性を重視して、簡便なカロリーメーターや分光光度計を使うほうが良いでしょう。

使用する試験管、またはセル（写真3）と呼ばれる付属のチューブに、生理食塩水やクエン酸液と均一に撹拌した精液を入れ、機械にセッ

トします。

このときに使う液は、計測器の指示書によります。これらの計測器は通常、製作後1台ずつ透過率を測定した上で、それぞれの精子数の換算表を作成し出荷されます。あるいは同一ロットで基準の透過率を達成していることを確認してから出荷されています。それほど、透過率の測定は繊細な作業です。

試験管やセルの側面を素手で触ると、手指の脂肪分が付着して光透過率の数値が変わってしまいますので、くれぐれも取り扱いには注意してください。また電源スイッチを入れてから安定した測定値を示すまで10分くらい時間を有するものもありますので、説明書をよく読んで正しく使ってください。もちろん、ほこりなどはもってのほかです。

取扱説明書にならい、機械で透過率を調べ、付属の換算表で1ml中の精子数を算出します。このとき、顕微鏡で調べた奇形率を差し引いた精子数が、有効な精子数となります。通常注入量は1ドース（1回の注入に要する精液量をボトルなどに充填したものをドースと呼びます。本数と同じ意味。複数はドーズ）当たり90～100mlで、精子数は30億が一般的です。

なお、深部注入カテーテルと選び抜かれた希釈剤の併用で、1ドース当たりの精子数20億を実践して、良い成績を上げている農場もあります。

一方で、深部注入カテーテルを使うことで精子数を節約できることから、「購入精液なので1ドースを2分して、15億ずつ2頭に交配したい」という農場の方もおられますが、深部注入カテーテルは誰でもすぐに使いこなせるものではありません。従来のカテーテルに慣れた人が、受胎成績を確認しながら、トレーニングを積み、徐々に移行するほうが良いと考えます。

その順序を踏まないために、残念ながらいきなり深部注入カテーテルに変更して失敗し、悪いイメージを抱いている人も少なくありません。深部注入カテーテルを使い慣れると明らかに受胎成績は上がりますし、特に繁殖成績の悪い夏場は歴然の差が生じています。使いこなすにはある程度の熟練が必要であることを理解し、段階を踏んでチャレンジしてください。

▶ 精液希釈・分注

a）精液の希釈

多くの精液希釈剤が市販されており、それぞれの使用説明書には、少しずつ違った希釈方法が書かれています。そのため、各農場での希釈方法が特定できませんので、必ず製品の使用説明書を読み、それに従って使用してください。

希釈倍率は基本的に精子数で決めますが、希釈倍率には希釈剤濃度の許容範囲があります。説明書に希釈倍率が5～10倍とあったら、それに合うように希釈していきます。

例えば採取量が250mlで、それをカロリーメーターで測定したとき、1mlの精液中に精子数が2億あったとすれば、採取した精液の総精子数は250ml×2億＝500億になります。1ドース当たり30億の精子を入れたいので、500億÷30億＝16.6ドーズ分の精子数が確保されたことになります。

採取した精液250mlを基に、1ドース当たり100mlの希釈精液×16ドーズつくりますので、希釈精液の総量が1.6ℓ（1,600ml）になるように希釈液を1,350ml加えます。採取した精液は250mlですから、6.4倍に希釈したことになります。上記の計算方法に合わせて、希釈倍率を算出してください。

b）希釈方法

雄豚から精液を採取したらなるべく速やかに希釈液を混合し、精子を保護しなければなりません。採取から希釈液混合まで少しずつ精液の温度は低下しますが、精子はその間にも運動を続けていますので、エネルギーを失います。また精子が激しい運動を続けると乳酸が生成され、精子の細胞膜に悪い影響を与えます。そのためにも速やかな希釈が望まれます。

希釈液と採取した精液との混合方法は、あくまでも希釈剤の仕様書に基づいて行われなければなりません。また、最も気を使うべきは温度管理です。精製水と希釈剤を混合して希釈液をつくりますが、まずこれが精液と同じ温度（37～38℃）になっていることを確認してから、精液の入っている容器に、静かに少しずつ希釈液を混入します。温度差は1℃以内。中学校の理科の実験で使う棒状温度計の場合、誤差が生じる場合がありますので、それぞれの誤差を事前に確認しておく必要があります。

よく精液に希釈液を入れるのか、希釈液に精液を入れたほうが良いのかと聞かれることがあります。筆者は、最初にAIを教わったとき、精液に希釈液を2～3回に分けて入れるべき、と教わりました。200～300mlずつに分けて小休止しながら、ゆっくりと入れていきます。一方、ヨーロッパではその逆で、希釈液に精液を入れるところが多いようです。いずれにせよ、精子にショックを与えないことが重要です。

採取された精液は、発泡スチロールのカップや、保温器にセットされた採取瓶などに入っています。初めに精液と同じ温度に温めておいたコニカルビーカーに100～200mlの希釈液を入れ、ビーカーを振ってビーカーの内側を湿らせます。次に精液を全量入れ数分間放置して落ち着かせます。

温度（低温）ショックと同じように、希釈ショックがあるため、急激に希釈液と混入すると精子にダメージを与えてしまい、保存性を悪くします。いずれの方法にしても、ショックを与えないように細心の注意を払いながら、容器の縁や温度確認に使用した棒状温度計を伝わせて静かに混入します。混入が終了したら、そのまま10～20分放置してなじませます。希釈剤に混入手順が明記されていれば、それに従ってください。

c）分注

希釈精液がなじんだら、いよいよボトル（**写真4**）に分注します。数が多い場合は、専用の

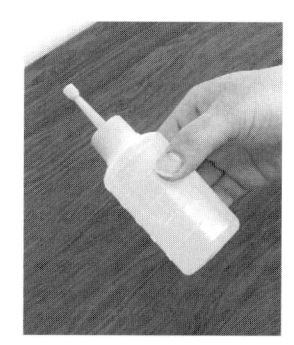

【写真4】精液ボトル

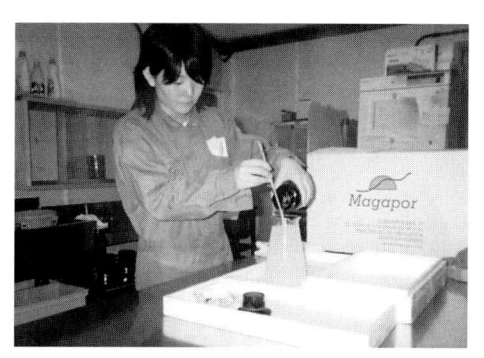

【写真5】精液の扱いは発泡スチロールの上などで行い、温度に影響が出ないようにする

分注器を使うと便利です。

希釈精液中の精子は沈殿しやすいので、ボトルに均一に入れるには注意が必要です。保存温度は希釈剤の仕様に従ってください。15～17℃保存が一般的ですが、優秀な希釈剤は保存温度の範囲に±3℃くらいの幅を持たせていますので、安心して保存できます。

分注が終わっても直ちに17℃の保存庫（インキュベーター）に入れないで、まず室温までボトルの温度を下げてから収納します。収納に際しても、その後急激な温度低下を起こさないように細心の注意が必要です。タオルで包んだり、発砲スチロールを使ったりして、徐々に温度を下げなければなりません。

▶ 正しい知識こそがAI成功への近道

精子が最も苦手とするのは①急激な温度低下

②ほこりなどの異物③水滴（浸透圧の変化）です。AIの一連の作業中には、この"3つの苦手"を近づけないように注意してください。

7日目にインキュベーターから取り出し活力検査してみて90％以上が活発に直進運動をしているレベルであれば、良い希釈精液だといえます。この高い保存性は希釈剤だけでは達成できません。精液を採取する環境、処理する部屋の衛生レベル、そして何よりも大切なのが管理者（担当者）の技術です。

もちろん、先に述べた雄豚の能力と調教の成果も忘れてはなりません。筆者が訪問した農場で保存している精液を見せてもらったとき、きれいに処理され、元気な精子が確認された農場は、決まって整頓された処理室で、基本に忠実な担当者が頑張っています。この部署は、農場の生産性の根本を担っているわけですから、担当者はきちんとしたAIの教育、トレーニングを積むことが大切です。

これまで日本でAIがあまり普及しなかったことの原因の1つに、忙しさのあまりきちんとしたトレーニングを経ないで、見よう見まねで始めた方が多かったこともあるのではないでしょうか。また、AIに関する情報も少なかったように思います。

それからもう1つ気になるのは、衛生レベルです。設備コストを抑えるために、精液採取は既存の雄豚房に擬牝台を運びその場で採取、そして事務所などガス湯沸かし器のあるところで処理をするなど、ずさんな管理をしている農場も見受けられます。ウイルス、雑菌は目に見えないので、衛生管理が二の次になっていたような気がします。AIによって成績を向上するためには、正しい知識のもと正しい手順で行うことが重要です。AIで繁殖成績が落ちてしまったのでは本末転倒です。

6

購入精液を用いたAI

▶ AI導入のファーストステップ

　今日の希釈精液のほとんどは、5〜7日以上保存しても、問題なく交配ができるように調整されています。そのため、ほとんどの精液販売会社は毎週1回、その週に使うぶんを宅配便などで送ってきます。季節によって、あるいは地域によって、保冷剤や保温剤を使い、農場に到着するまでの間、保存温度を許容範囲内に保つ工夫がなされており、農場では安心して使うことができます。

　多くの農場では、発情を同期化するために金曜日に離乳して、4日後の火曜日に集中して交配を行っています。それに合わせるように販売会社では、毎週月曜日に採取、処理して、各農家に発送、翌日到着のパターンが多いようです。

　精液が到着したら、あらかじめ販売会社の指定する温度に設定したインキュベーターに収納し、毎日必要な数量だけ取り出して交配作業を行います。

　購入精液を用いたAIの場合、農場でそろえなければならないAI用品は、インキュベーターと交配（精液注入作業）に必要な器具だけです。そのため、オンファームAIに比べて、手軽ですぐに始められるという利点があります。

　すでに述べてきた通り、AI成功の秘けつは、作業を簡便にすること、それから極力使い捨て（ディスポーザブル）の器具を使うことです。使い捨てカテーテルを洗浄し、風乾後に再度使う方もおられますが、これほど危険なことはありません。カテーテルのチューブの中に水滴が残っていれば精子にダメージを与えます。乾燥時にほこりが付着すれば、受胎成績を落とすだけでなく、ときには子宮内膜炎の原因になります。

　体内に挿入するカテーテルを乾燥させるのに、農場内に衛生的な場所はありません。唯一あるとすれば、滅菌器（ステリライザー）の中だけです。金を出して買ったものを捨てるのはもったいないという気持ちは分かりますが、そのために数％でも成績を下げてしまえば元も子もありません。

　精液購入に伴う疾病対策や精液検査、農場での繁殖成績の推移などについては、精液販売会社との信頼関係に基づき、定期検査と指導を仰ぐと良いでしょう。特に精液によって伝播する危険性のある疾病については、販売会社が定期

的に検査し、対策を講じています。

購入精液の到着後の管理について

　購入精液の取り扱いについては、それぞれの精液販売会社のマニュアルに従って管理されなければなりませんので、ここでは一般論にとどめます。

　精液は採取後速やかに検査され、活力、精子数、奇形率、運動性などが販売基準を満たしているもののみが1ドース中の精子数を調整されて出荷されます。凍結精液は一部の種豚場や限定された生産グループが利用していますが、ほとんどは恒温管理された液状精液です。保存温度は使用している希釈剤によって多少の差はありますが、通常は15～17℃です。流通に際しては、季節ごとに保冷剤や保温剤を巧みに利用し、発送時と到着時の温度変化や所要時間、受け渡しの手順などを確認したうえで行われており、流通過程での事故は極めて低いと言えます。特に現在の宅配サービスシステムは充実しており、今後の精液販売を一層発展させる有効な手段と言えるでしょう。事前に必要ドーズ数（発注ドーズ数）を販売会社に伝えておくことで、農場では発情頭数にあわせて精液が入手できますので、効率良くAIが実施でき、生産性も安定します。

　納入された精液は到着と同時にインキュベーターに納められます。インキュベーターはあらかじめ保存温度に調整されていなければなりません。

　ヨーロッパでは配達業者がすぐにインキュベーターに入れやすいように、郵便ポストのそばに温度設定されたインキュベーターを据え付けている場合があります。冬季は配送精液の温度管理のために、日本製の保温剤も多く使われています。

　通常、到着した精液を農場で検査することはありません。精液販売会社は、1年を通じてその希釈精液の保存最適温度と、発送後農場到着までの状態を把握しています。希釈剤によって精液の取り扱いも違いますので、販売会社の指示を守って扱いましょう。

　精液販売会社とは、できれば毎月の受胎率と産子数などの繁殖成績や、出荷された肥育豚の上物率などについてのアドバイスが得られるような関係を構築したいものです。

混合精液は有用か？

　以前から、精液は混合すると受胎成績が良くなるといわれてきました。相乗効果があるとかpHが関係しているとか、雌豚との相性が良くなるなどと言われ、混合した精液の購入を希望する農場も多く見られます。事実、混合精液が混合前のそれぞれの精液よりも精子活力や受胎率が向上したという報告があります。しかし反面、低下したとの報告もあります。いずれも根拠は不明のままです。

　同一の雄豚でも、精液性状は絶えず変化しています。前回採取したときは活力もあり精子数も多かったのに、今回は奇形が増えているといったこともあり得ます。

　精液を混合すれば、一方の低下した精液性状をカバーし、ある程度受胎成績を維持することは可能ですが、採取時の精液検査をきちんとすれば混合の必要はありません。むしろ根拠のない方法で成績向上を期待するほうに無理があります。

　採取時に雄豚番号、採取日、採取量、精子活力、奇形率、精子数、希釈倍率（1ドーズ中の精子数）などを記録した精液を使えば、受胎率、産子数などの成果を検討し、より繁殖成績を向上させるための手段が見えてきます。AIはあくまでも科学的根拠に基づいて開発された方法です。そこにファジーな方法で結果に対する原因や過程をあいまいにしてしまうことは、絶対に避けなければなりません。

第3章

繁殖成績向上のためのAI技術

1. 母豚の交配適期
2. 交配
3. 妊娠のメカニズムと妊娠確認
4. 最新のAI技術

1 母豚の交配適期

　AIを実行する上で特に大切なのが、交配適期の判定です。NSの場合は発情の来ていないもの、つまり交配適期ではない雌豚は許容せず逃げ回るので、すぐに分かります。しかし、AIでの精液注入は、ほとんどが雌豚の逃げ場がないストールの中で行われるため、交配適期が来ていなくても、容易に精液注入ができてしまいます。

　交配適期を判定し、繁殖成績を向上させるためには受精・妊娠のメカニズムを正しく理解することが大切です。

▶ 発情徴候の確認

　発情は、通常離乳後4～5日ごろから、動作やうなり声、雄豚への興味、外陰部の粘液の分泌などで確認することができます。そんな雌豚を見かけたとき背中を押してみると、そのまま不動の姿勢を示し、許容します（**図1**）。多くの農場では、1回目は直接雄豚を当て、許容すればそのままNS、2度目をAIとしています。一

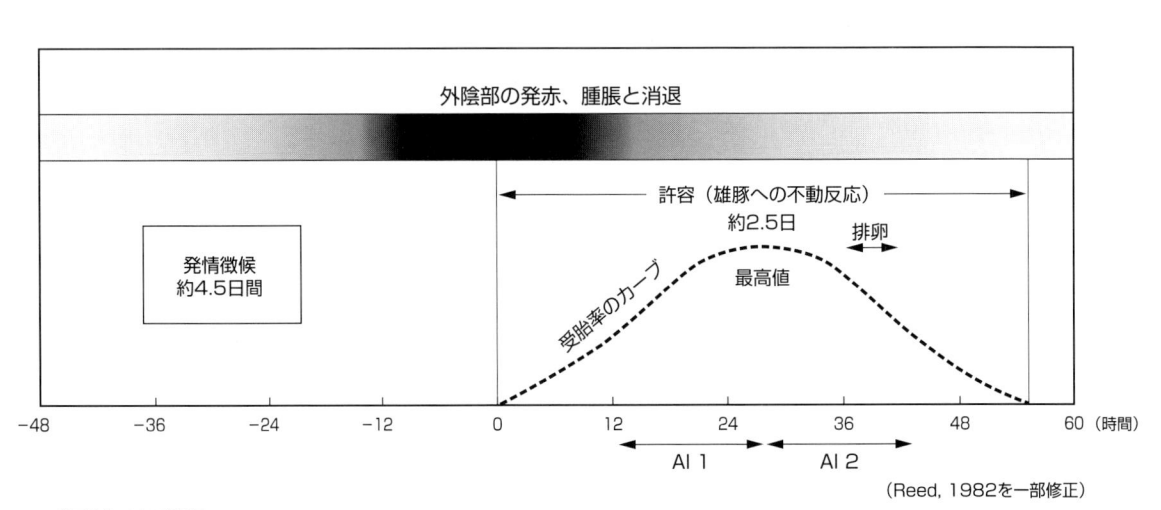

【図1】AIの適期

（Reed, 1982を一部修正）

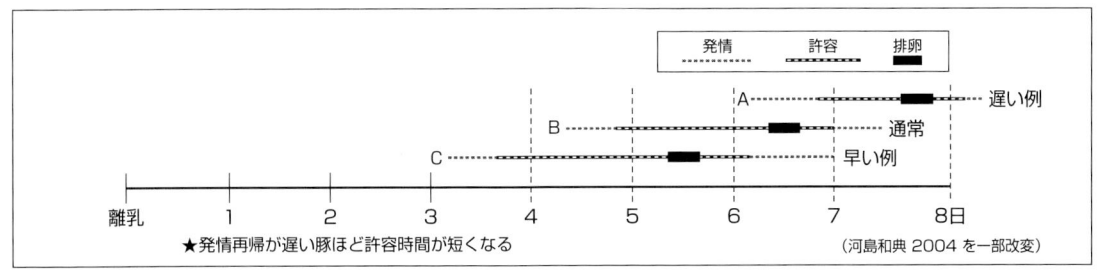

【図2】発情再帰のパターン

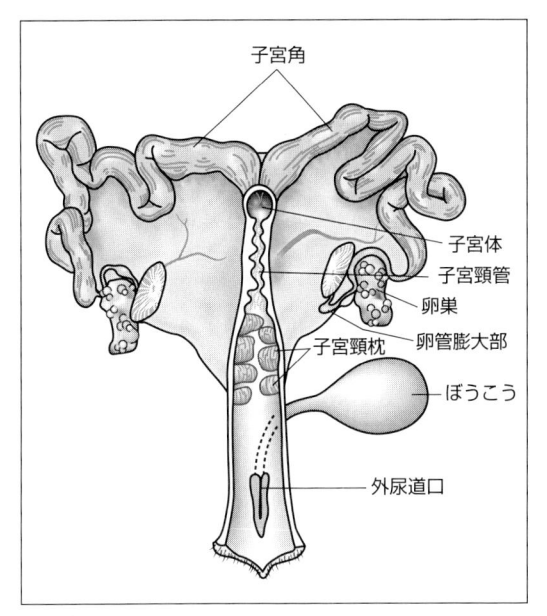

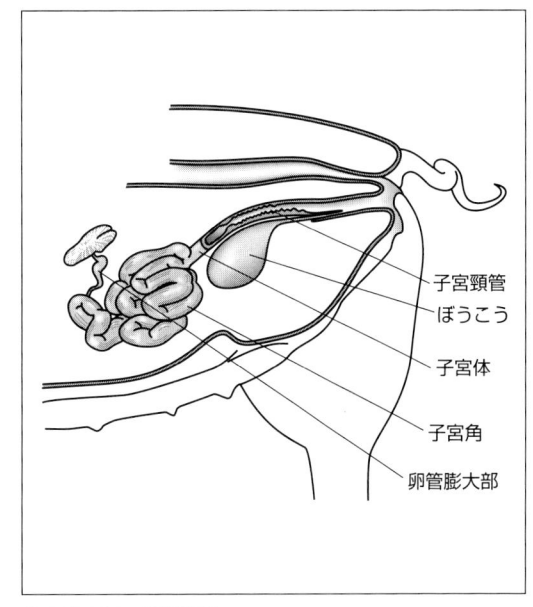

★発情再帰が遅い豚ほど許容時間が短くなる

（河島和典 2004 を一部改変）

【図3】子宮

【図4】子宮（横断面）

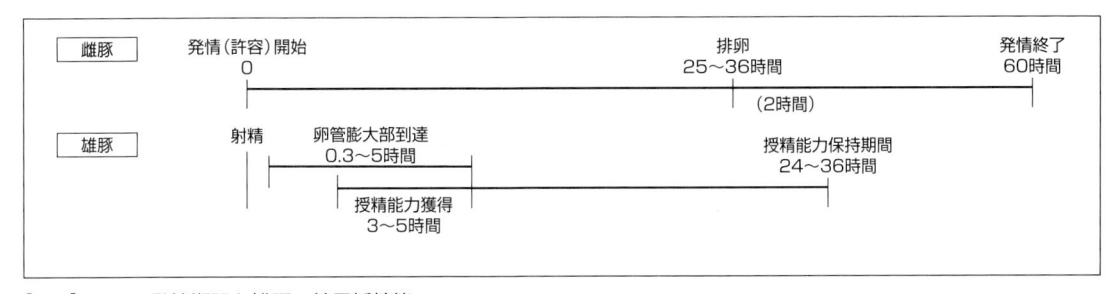

【図5】母豚の発情期間と雄豚の精子授精能

　般に、離乳後早期に発情を開始した豚は許容期間が長く、遅くに発情した豚は許容期間が短いといわれています（**図2**）。

　発情した雌豚の体内では、受精に向けた準備が進んでおり、許容開始後約25～36時間後、発情期間の3分の2を過ぎたころに、大体2時間かけて排卵が起こります。

　精子は受精の行われる卵管膨大部（**図3、4**）で卵の到着を待たなければなりません。射精後30分から、遅いもので5時間ぐらいかけて精子は卵管膨大部に到着します。その間、精子は授精のための能力を獲得しておかなければなりま

【表1】推奨される交配適期

経産豚

離乳から許容までの日数	1回目交配	2回目交配
3～4日	発情確認の24時間後	1回目の8～12時間後
5～6日	発情確認の12時間後	
7日以上	発情確認時に直ちに交配	

未経産豚

1回目交配	2回目交配	3回目交配
許容確認時に直ちに交配	1回目の8～12時間後	雄豚を前にしてまだ不動姿勢を保つ場合

せん（**図5**）。この能力は獲得後24～36時間保持するといわれています。

　以上のことから、推奨される経産豚の交配適期は次の通りです（**表1**）。
①離乳後3～4日目に許容した雌豚
・24時間後に1回目の交配
・1回目の交配後8～12時間後に2回目の交配
②離乳後5～6日目に許容した雌豚
・12時間後に1回目の交配
・1回目の交配後8～12時間後に2回目の交配
③離乳後7日目以降に発情した雌豚
・直ちに1回目の交配
・1回目の交配後8～12時間後に2回目の交配
以上が最も適切な交配時期となります。

　未経産豚については、
・許容発見と同時に1回目の交配
・1回目の交配後8～12時間後に2回目
で行います。

　2回目の交配が終わって12時間後に、まだ不動反応がある場合は3回目の交配を行います。

▶ 品種と管理の影響

　ここまで卵子と精子の持つ特性を基に、離乳から発情再帰までの日数で交配適期を考えてきましたが、もう1つ考慮しなければならない観点があります。それは、それぞれの農場が持つ、管理作業マニュアルと飼養する豚の品種的特性です。

　分娩豚舎での飼料給与や授乳の状況によって、発情再帰日数への影響は大きく異なります。一般に、分娩豚舎での授乳期間中に栄養が十分な飼料をしっかりと食い込み、離乳成績の良かった雌豚は、発情再帰が早く、受胎成績も良くなることが報告されていますが、栄養が不十分でやせていたり、逆に太り過ぎた豚は発情再帰がなかったり、あっても受胎成績が良くありません。

　また、離乳の一連の作業が午前中の早い時間に行われる農場と、夕方遅くに行われる農場では、当然同じ4日目の発情といってもタイミングは微妙に違いますし、離乳当日に給餌するかしないかで雌豚の体内環境は大きく変わります。季節性も考慮しなければなりません。

　さらに離乳後の母豚は、乳が張ってもそれを飲む子豚がいないので大きなストレスを受けます。また、それまで過ごした分娩豚舎から交配豚舎へと移され、生活環境も変わります。室内の設定温度も違っているはずです。特に初めて出産を経験した初産豚にとってのストレスは激しいものになっているでしょう。食欲不振になったり、発熱する母豚も出るに違いありません。それらをいち早く解消し、発情再帰日数への影響を抑えるのも、管理者の大切な技術です。

　先に述べた、離乳後の交配適期判定のヒントを基にして、それぞれの農場の成績を集計し、その農場に最も合致した交配適期を探り出す必

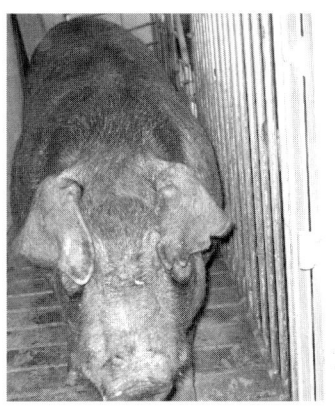

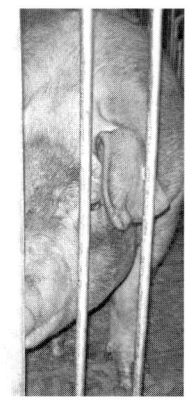

【写真1】雄豚の刺激

【写真2】発情誘起のため、雄豚を雌豚のストール前の通路で遊ばせる

要があります。

　筆者はかつて、良質な子豚の代用乳の開発を受けて、母豚の負担を軽減し繁殖回転率を上げるために早期離乳、早期交配を試みたことがありますが、母豚の子宮収縮（子宮の回復）には相当の時間を要するので、交配は分娩後25日以降が望ましいと考えています。

▶ 発情誘起

　もう1つ、交配適期を考える上で重要なことがあります。それは発情誘起です。発情誘起の効果的な手段としてよく知られているのがホルモン剤の投与です。ホルモン剤は、雌豚が本来持っている周期的発情のサイクルを助長するときに使用するのが効果的ですが、投与時期を誤ると、繁殖障害を起こすことがあるので、その使用に当たっては担当の獣医師の指示を受けなければなりません。

　また、離乳後一時的に給餌量を増やして発情を刺激する「フラッシング」も効果的な方法ですが、給与飼料の増量を続けて過肥にしないよう注意しなければなりません。

　鶏の産卵を刺激する方法として電光照射は古くから使われてきた有効な方法ですが、この方法はそのまま雌豚の発情促進にも効果があります。早朝から開始して、通常は日没後午後10時ごろまで点灯します。

　もう1つよく用いられる方法は、雄豚による刺激です（**写真1**）。離乳後は雄豚を完全に遮断しておき、3日目から朝夕1回ずつ雌豚の周りを歩かせます。通常は、離乳した雌豚の繋留ゾーンの通路を柵で仕切り、その中で雄豚を遊ばせます（**写真2**）。雄豚のフェロモン製剤を併用し、より一層発情再帰の効果を上げている農場も多く見受けられます。このときに、しっぽを持ち上げて（あるいは振りながら）ときどき低音でうなり、雄豚をジーッと見ている雌豚がいれば、背中を押してみます。そのまま不動の姿勢を続ける豚は発情（許容）期とみなします。外陰部を開いてみると粘液（膣粘液）が分泌されているはずです。この粘液によって生殖器官が交尾に備えて膨らみ、外部の雑菌の侵入を防ぐとともに、生殖器の進入を容易にします。

　また、精子はこの膣粘液や子宮で分泌される子宮粘液に向かって泳ぐ性質を持っています。そして、さらに卵胞液に誘われて、子宮角先端から卵管膨大部に到達し、排卵を待つことになります。

2

交配

▶ 精液注入器材の準備

　カテーテルを挿入するに当たって、担当者は事前に雌豚の生殖器官の構造を知っておかなければなりません。挿入時にカテーテルの先端が生殖器官のどの部分を通っているかイメージすると成功率も高まります。

　注入に際して事前に準備しておかなければならないものをまず確認します。これらのAI道具は種類が多いため、収納しやすく工夫した台車などをつくると便利で、作業効率も向上します。精液注入は特に手際よく実行することが求められ、そのまま受胎成績にも反映します。

①精液

　精液は、インキュベーターから出して交配豚舎で使用するまで、発泡スチロールの箱など保温性の良いものに入れて、できるだけ保存温度（17℃）を維持します。特に規模の大きい農場などで交配頭数が多くなると、長時間精液を放置することになりかねません。外気温が保存温度より高い場合は比較的安全ですが、精液は温度低下に弱いという特徴があります。保存温度より外気温の方が低い冬季の場合は、細心の注意が必要です。

　また、精子は紫外線にも弱いので、精液注入が完了するまでは、絶対に直射日光に当てないようにしてください。

　17℃で保存した希釈精液は、雌豚の体温で38～40℃に温められてはじめて休眠から目覚めて運動を開始します。交配豚舎に運ぶ前にまず活力検査をして、これから使用する精液が正常に保存されているかを確認します。

　インキュベーターに保存されている精液を取り出し、精液ボトルの底に沈殿している精子を静かに振って均一に撹拌し、その中からマイクロピペットや白金耳を用いて精液を取り出します。

　それをスライドグラス加温プレートで事前に温めておいたスライドグラスに垂らし、同時に温めておいたカバーガラスをかぶせます。100～200倍にセットした顕微鏡でのぞいていると、温まるにつれて精子の運動性が増し、やがてほとんどすべての精子が活発に運動します。これが正常な精液です。

　先に述べたように、希釈剤のなかには加温では休眠から覚めないで、無水カフェインなどの刺激剤を必要とする特殊なものもありますの

で、希釈剤メーカーの指示書に従ってください。

注入に使う全ボトルを検査する必要はありません。同一ロットの中から、無作為に抽出した1本で十分です。活発な運動が確認されたら使用可能です。

②カテーテル、潤滑ジェル

カテーテルは、発情している雌豚の生殖器官内に入り込む重要な役割を持っていますので、1本ずつ個別に包装され滅菌処理されているものを使います。近年、オンファームAIの普及に伴い、安い粗悪品も多く出回るようになっています。少なくとも1本ずつ分包され滅菌されているもの、材質に問題がなく、注入時に先端が離脱しないもの、取っ手の長さが十分あり、子宮頸管に先端のスポンジやらせん状のゴムを容易に把握させることができるものを選んでください。

カテーテルの使用に際してもう1つ認識しておかなければならない重要なポイントは、精液の注入を行う交配豚舎は、決まってほこり、雑菌、ウイルスが充満しているということです。包装から取り出したカテーテルは、それらの汚染を受けないように手際よく挿入します。

潤滑ジェルは、カテーテルが子宮壁を傷付けることなく、子宮頸管にスムーズに挿入されるのを手助けするものです。

③ペーパータオル

カテーテル挿入時に、外陰部がふんのこびりつきなどで汚れていると、生殖器官内に汚れが入り込む危険があります。そのため、事前に外陰部の汚れをペーパータオルでふき取っておく必要があります。ぬれぞうきんなど、水を含んだものは極力使わないようにします。汚れの激しいときは、プラスチック製の簡易型膣鏡を利用して、カテーテルを衛生的に膣内に挿入する方法もあり、有用です。

④アルコール綿

カテーテルを挿入するとき、消毒用エタノー

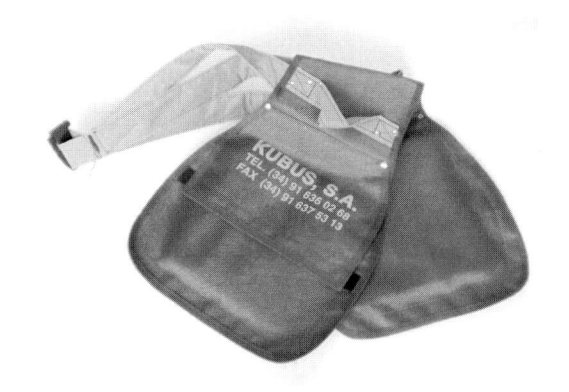

【写真1】固定用ホルダー

ルを浸した脱脂綿でカテーテル先端部を消毒します。また、外陰部をふくためにも使います。

前述の通り、絞ったぞうきんや生理食塩水で外陰部の汚れをふかないのは、精子が浸透圧に極めて弱いからです。水分が残ると、それが精子にダメージを与える可能性があります。

その点、エタノールは蒸発しますので安心です。ただし、カテーテル先端部の精液射出口の部分に、エタノールが残留しないように注意してください。

⑤AI用サドル、ベルト、クリップ

交配（精液注入）の作業中に、雌豚を許容の状態に保つことはとても大切なことです。許容状態のとき、雌豚は子宮収縮や粘液の分泌などによって射出された精液をより器官の内部に引き入れようとするため、逆流しにくくなります。そのため、精液の注入作業中は、交配する雌豚のストールの前で雄豚を遊ばせたり、フェロモンスプレーで雄豚のにおいを散布しながら、AIクリップなどで背中と脇腹を圧迫し、あたかも雄豚が乗駕しているように感じさせるのです。これらの器具は精液注入の前に、雌豚に装着しておいてください。

これらのクリップやベルトには、通常精液ボトルを固定するホルダーが付いています（**写真1**）。ホルダーに固定すると、担当者が精液ボトルを持っていなくても自然流下で注入できます（**写真2**）。

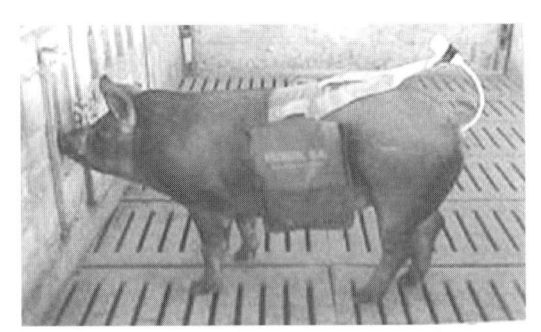

【写真2】自然流下で注入

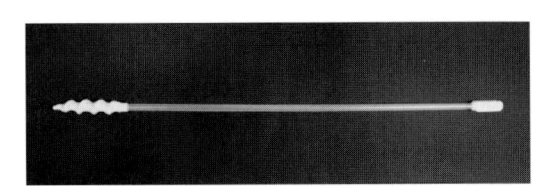

【写真3】スパイラルカテーテル

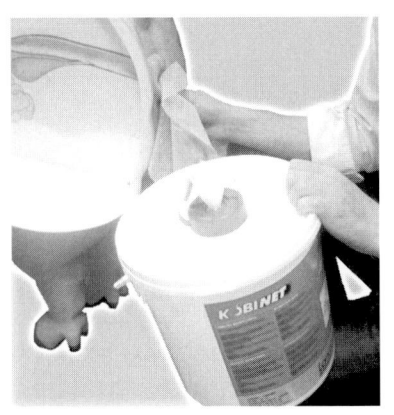

【写真4】アルコール綿で外陰部をふく（模型使用）

　クリップに精液ボトルを固定するとストールにぶつかって外れてしまうような構造の場合は、クリップにボトルを固定しないで、ストールの後部扉の上、管理者の目線ぐらいの高さにワイヤーを張っておき、それにボトルを提げる方法でも良いでしょう。

⑥フェロモンスプレー

　フェロモンスプレーは、雌豚の鼻先30cmのところでスプレーし、精液注入の際の許容状態を保つために使います。許容状態では、カテーテルの挿入も容易になります。
　高温多湿の夏場は、特に効果を発揮します。このスプレーは発情誘起にも効果があります。離乳後3日目から使用することで、雌豚の発情再帰を促します。

▶ カテーテルの挿入

　ここではまず、従来型のスパイラルカテーテル（写真3）の使い方を説明します。
　雌豚の子宮頸管部はひだが絡み合ってらせん状の構造をしており、雄豚のペニスもそれに合う形をしています。つまり、スパイラルカテーテルは雄豚のペニスの先端をイメージしてつくられているものです。この子宮頸管部は発情期以外には閉じていますので、カテーテルがうまくフィットしない場合は、発情適期を逃している可能性もあります。
　カテーテル挿入に当たっては、まず外陰部（陰唇）の汚れを取り除きます。取り出したカテーテルのらせん部をアルコール綿でふき、その綿で外陰部をふいても良いでしょう（写真4）。
　次に、分封されている袋からカテーテルのスパイラル部をむき出し、先端に潤滑ジェルを塗り右手に持ちます。次に左手で雌豚の尻尾を握りながら外陰部を開き、カテーテルのらせん部を挿入します（写真5）。このとき、くれぐれもカテーテルの先端がストールの鉄枠部分などに触れないように注意してください。
　カテーテルのらせん部が入ったら、それまで水平に入れたカテーテルを45°上に向けて挿入を続けます（写真6）。カテーテルが入った場所は生殖器官の中で膣前庭と呼ばれるところで、正面にぼうこうにつながる尿道の入り口があります（写真7）。まっすぐにカテーテルを進めるとこの入り口に入ってしまい、発情してじっとスタンディングをしている豚でも強烈な痛みを感じるため、しっぽが力んだり、盛んに

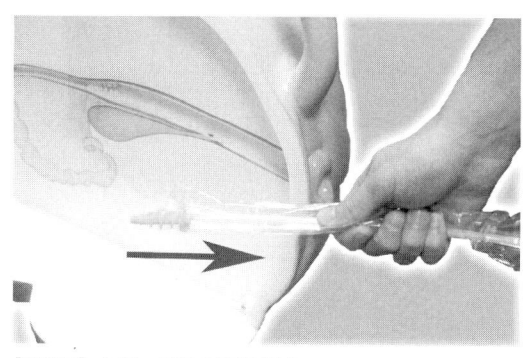

第3章 ▶ 繁殖成績向上のためのAI技術

【写真5】カテーテルを取り出す

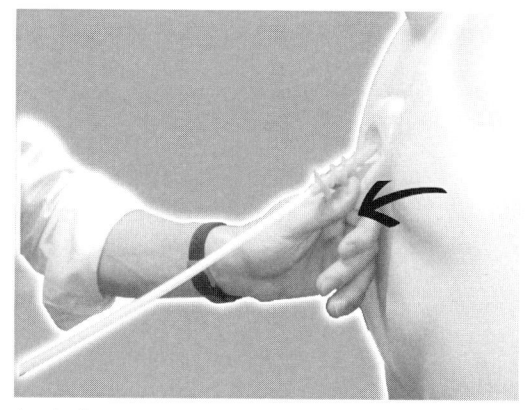

【写真6】カテーテルを45°上に向ける

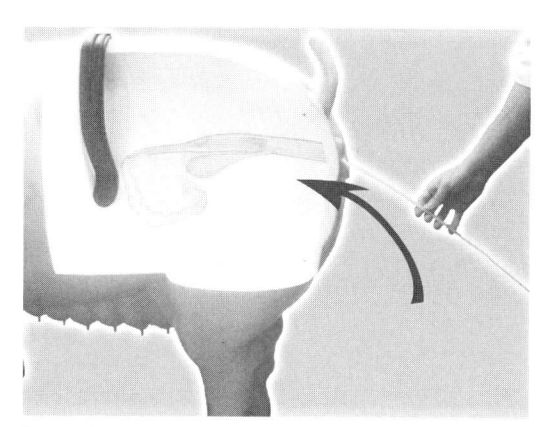

【写真7】尿道に入れないよう注意

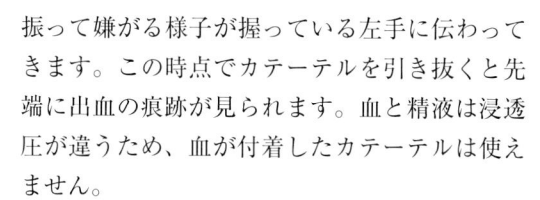

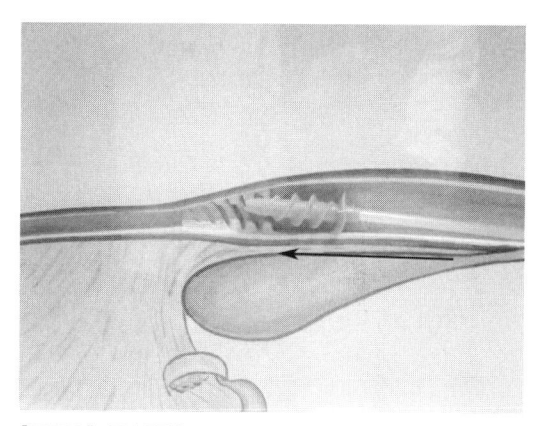

【写真8】子宮頸管

振って嫌がる様子が握っている左手に伝わってきます。この時点でカテーテルを引き抜くと先端に出血の痕跡が見られます。血と精液は浸透圧が違うため、血が付着したカテーテルは使えません。

　カテーテルを45°上向きに挿入し、押し進めていくと、やがて壁にぶつかってそれ以上進まなくなります。そこが子宮頸管のらせん部入り口です（**写真8**）。

　壁に当たったら、静かにカテーテルを押しながら反時計回りに3～4回回転させます。そして静かに手前に引いてみると、内臓に食い込んだような重さを感じるでしょう。それが子宮頸管部に把握されたときの感触です。

　この感触を確認したら、さらに押しながら1回転させます。これでカテーテルの装着は終わりです。通常経産豚の子宮頸管は10～15cmの長さがありますが、この一連の作業でカテーテルのらせん部は子宮頸管部に5cmぐらい入っているはずです（**写真9、10**）。

▶ 精液注入

　精子は精液ボトルの底に沈殿しています。はじめにボトルを静かに回しながら、中の精子を均一にします。処理工程中も決して強く振って泡を立ててはいけません。泡などに含まれる酸素は精子を活性化させるため、精子の運動エネルギーを消耗させることになります。

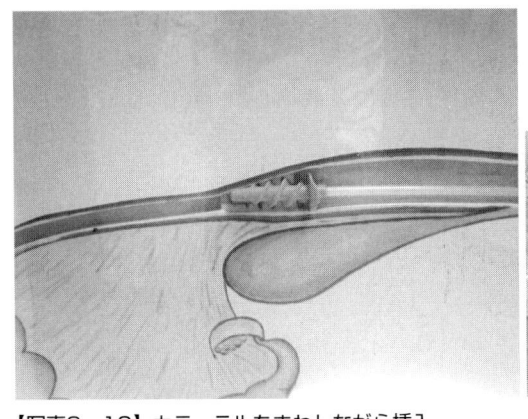

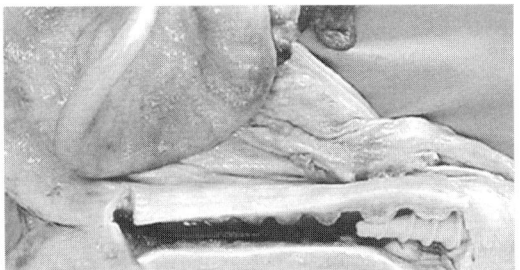

【写真9、10】カテーテルをまわしながら挿入

精子を均一にしたらキャップをはさみで斜めにカットします。通常、精液ボトルのキャップはとんがり帽子の形をしています。カットするときには、カテーテルの接続部の口径を考えて、どこをカットするのかを決めてください。

精液ボトルをカテーテルに接続したら、次にボトルを軽く握って、精液がスムーズに入っていくかどうか確認しなければなりません。子宮頸管のひだなどでカテーテルの射出口がふさがれている場合はうまく精液が吸い込まれませんので、そのときはボトルを軽く絞りながら、カテーテルを左右に少し回転させるか、引くことでスムーズに精液が流れる場所を探します。

精液が流れることを確認したら、ボトルをあらかじめ取り付けておいたAIクリップに固定し、ボトルの底に穴を開け自然流下させます。かつて人間の点滴にも利用されたやり方で、薬液ボトルに注射針を差し込む方法もありますが、このときは注射針の管理を怠らないように注意してください。いずれにせよ、自然流下させる場合は、ボトルに空気を入れなければなりません。ザーメンチューブなどはしぼむので、空気を入れる必要はありません。

全量注入が終わっても、カテーテルをすぐに引き抜くと精液が逆流してしまいますので（写真11）、カテーテルのボトルを外し、カテーテルの連結部にあるゴム栓を閉めておきます。ゴ

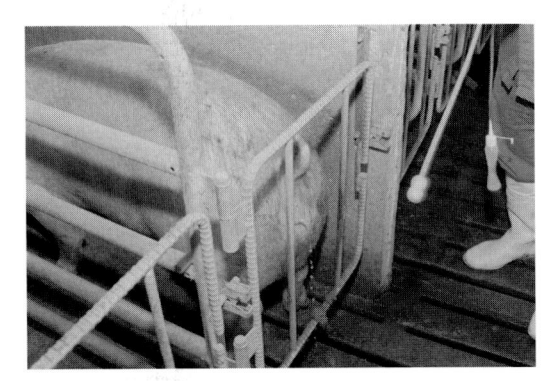

【写真11】精液の逆流

ム栓のないカテーテルの場合は、少なくとも3分間経ってからボトルごと取り外すようにします。

未経産豚の場合は発育過程にあり、生殖器官も未熟なのでAIでの精液注入は一層難しくなりますが、近年未経産豚用の先端の細いスポンジカテーテルがフランスで開発され、以来成績は向上しています。

この一連のAIで注入する精液量は100cc、精子数は30億が一般的ですが、その注入された精液量の70％、精子数の25％が逆流によって喪失しているとのレポートがあります。逆流する精子数が精液量に比較して少ないのは、すでに子宮角の深部に向かって遊走しているからと考えられますが、いずれにしても逆流によるロスは、

【写真12】深部注入カテーテル

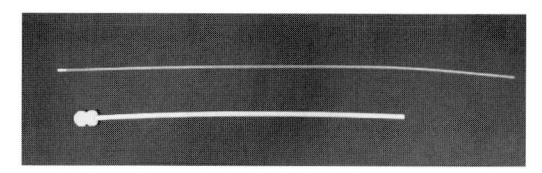

【写真13】深部注入カテーテル（分解）

現在も大きな問題であることに違いはありません。

▶ 深部注入カテーテル

精液逆流などの問題を解決しながら、さらに進化したカテーテルが深部注入カテーテルです（**写真12**）。農場での実情を見ると、深部注入カテーテルの使用により、受胎率と産子数の向上が認められています。これらの農場では、通常のカテーテルを使用した場合よりもワンランク上の成績を得ることができています。

経営効率の向上を図る場合には、このようなポイントから徹底して改善するべきなのかもしれません。例えば雌豚1頭が1日に食べる飼料を2kgとすると、再発が来れば21日分42kgが無駄になります。また、その飼養スペースももっと有効利用したいものです。これが離乳母豚の中に10％いるのか20％いるのかで、経営への影響は大きく変わってくるのです。

また、1頭の雄豚から取れた優秀な精液をより多くの雌豚に注入できるようになれば、そのメリットは大きいでしょう。

深部注入カテーテルには、子宮体部で希釈精液を射出するものと、子宮角先端部（通常豚の子宮角は1.2～1.5mの長さがあります）まで挿入するものとがあります。子宮角先端部までカテーテルを挿入するものは、手術によらない受精卵移植、運動能力が比較的弱っている凍結精液を使った場合など、特殊なケースで効果を発揮していますが、まだコマーシャル農場では一般化されていません。そこで、ここでは子宮体部に射出する深部注入カテーテルについて記述します。

構造は、外側のカテーテル（アウター）と内側のチューブ（インナー）に分かれています（**写真13**）。

アウターカテーテルは、先端がスパイラル型の物と、ダルマ型のスポンジタイプがあります。いずれも通常のカテーテルと同様に子宮頸管部で把握されるようにできています。以下では、スパイラル型を例に説明をしていきます。

まず、インナーチューブをアウターカテーテルの中にセットしたまま、通常のスパイラルカテーテルの要領で子宮頸管部に把握させます。把握を確認したら、精液ボトルの沈殿している精子を静かに撹拌して均一にし、ボトルキャップを斜めにカット、そしてインナーチューブに連結します。

次にインナーチューブを2～3cmほど押し出して、精液を5～10mℓ射出します。そのまま1分間静止してから、少しずつインナーチューブを押し出し、トータルで10～15cmアウターより先に出ているようにします。10～15cm送り出したら、精液ボトルを静かに絞って、約1分間かけて全量射出します。

最近の深部注入カテーテルは、あらかじめインナーチューブに印が付いているものが多いので、どれだけ出ているか分かりやすくなっています。子宮体部に射出した精液はもはや逆流の心配はほとんどありませんので、カテーテルを挿入したままにせず、すぐに器具を取り外します。

子宮頸管にロックしたアウターカテーテルから10～15cmインナーチューブを押し出すと、そ

の先端はほぼ子宮角の分かれ目に到達します。そうしたら、アウターカテーテルの手元でインナーチューブをロックして、それ以上中に入らないようにします。左右どちらの子宮角に侵入していても問題はありません。

かつて研究者が子宮角先端まで届くカテーテルを用い試験したレポートでは、左右どちらかの子宮角先端に精液の代わりに墨汁を射出し翌日解剖した結果、左右両方の子宮角が染色されていたそうです。このことからも、精液は雌豚の体内で左右の子宮角を行き来していることが分かっていますので、精液をカテーテルで両方の先端部まで送り届ける必要はありません。

ここでもう一度、生殖器の構造と卵子・精子の特性、受精のメカニズムを考えながら、AI実施の復習をします。きれいにふかれた外陰部からカテーテルを挿入し、45°上向きに入れて外尿道口に入らないように注意します。カテーテルが壁に突き当たったら静かに押しながら反時計回りにカテーテルを3〜4回回していきます。その後、カテーテルを静かに引っ張ったとき重さを感じたら、子宮頸管部にロックされている証拠です。さらにもう1回転押しながら回します。ここでカテーテルは子宮頸管の5cmぐらいのところに先端のらせん部が固定されています。

チューブを押し出して、残りの子宮頸管5〜10cm、子宮峡部（子宮頸管の先端部で子宮体という広場に続く細道）から子宮体部を通って、子宮角の分かれ道までが約10cm、つまりあと10cmインナーチューブを挿入すれば逆流の可能性はほとんどなくなります。また逆流がないことから、試験場の報告では精子数を2分の1以下に減らしても受胎率は低下しないとの報告がなされています。

しかし前にもお話ししたように、誰でもすぐに深部注入カテーテルを使いこなせるわけではありません。どの農場でも担当者が変わると受胎成績が変わってしまうということを経験していると思います。要は、熟練度と手際、センスなどの感覚的なものが成績を左右しているのです。手法だけ覚えて実行してみたら成績が悪かったため深部注入をやめたという農場も多く見られますが、精液採取のテクニックと同様、AIには熟練と手際が要求されます。成績を確認しながら、徐々に深部注入の割合を増やしていくとスムーズに移行できます。

子宮体部で射出された精液は1.2〜1.5mの子宮角を泳いで、やがて卵管膨大部に到達。ここで卵胞から排出される卵子を待ちます。卵子は排卵後ラッパの形をしたところ（卵管采）でキャッチされ卵管を通って精子と合体（受精）します。合体した卵を受精卵と呼びます。

受精卵は命を育みながら子宮角内を浮遊し、約2週間後に子宮の壁に等間隔に付着、根を伸ばします。これが着床です。その後卵胞は黄体を形成してホルモンを分泌、受精卵を保護、生育を促します。

これらの一連の生命のメカニズムを正しく認識すると、生産の現場では一層雌豚の扱いが丁寧になり、安心して管理者になついた豚は一層成績を伸ばすに違いありません。

3 妊娠のメカニズムと妊娠確認

▶ 妊娠のメカニズム

この項では、交配後の精子と卵子の運動、妊娠のメカニズムを整理します。

通常のスポンジカテーテルやスパイラルカテーテルで交配（精液注入）を行った場合、精液は子宮頸管部に射出され、発情している雌豚の体温に触れると休眠から覚めて、上行遊走を開始します。深部注入カテーテルを用いた場合は、子宮体部に射出されます。

注入後30分から5時間かけて子宮角の先端からつながっている卵管膨大部に到達して排卵を待ちます。この移動の間に、精子は授精する能力を身に着けます。授精能力は最大で48時間持続します。

一方、雌豚は発情（許容）開始から25～36時間後に2時間ぐらいかけて約20個の卵を排出します。卵胞から卵管采を通して卵管膨大部に達し、ここで待ち受けている精子と合体します。いわゆる受精です。

受精卵は子宮角の中を浮遊し続け、約2週間後に子宮角内に等間隔に付着（着床）して根を張ります。卵胞は黄体を形成し、ホルモンを分泌して受精卵を保護します。

受精卵は受精後盛んに生命活動を続け、子豚になる胚を成長させます。胚は受精後25日目に10～20mmの大きさだったものが、35日目で30～35mm、40日目で50mm、50日目で100mmと次第に加速度がついて発育していきます。

発情に伴う許容と交配のタイミングが悪いと、精子の授精能獲得時間の不足、排卵と精子到達時間のズレなどによって受精できない場合があります。受精できなかった雌豚は、21日の性周期に誘導され再度発情を繰り返しますが、次第に排卵数が少なくなったり、発情が弱くなるなどして、十分な産子数が得られない場合があります。そのため、離乳後の最初の発情で確実に受胎させることが大切です。

▶ 妊娠母豚管理の重要性

交配を行った雌豚は、その胎内で子豚を育てるという重要な仕事を請け負います。しかし農場で、交配してすぐの雌豚への配慮を適切にしているかどうかには疑問の残るところがあります。

図1は妊娠中の胎子の発育を示しています。

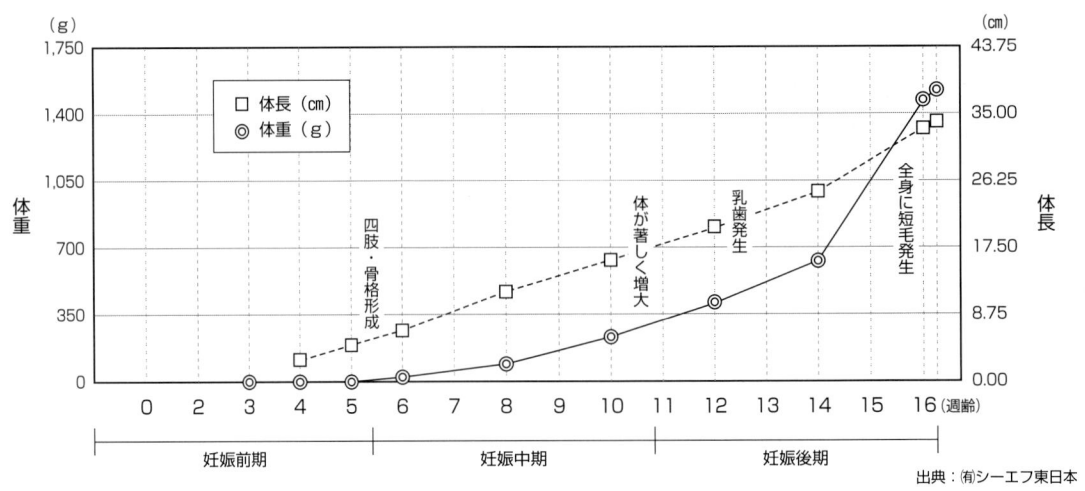

【図1】豚の胎齢別発育

【図2】ハイブリッド豚「ニューシャム（旧：デカルブ）」の飼料給与プログラム

　交配後、受精卵は子宮角内を浮遊し、約2週間後に着床することは前項で述べましたが、5週齢（35日ごろ）まではあまり体重の変化はありません。この時期を妊娠前期と呼びますが、実は受胎率、産子数を左右する大切な時期です。通常受精卵の着床率は70〜75％と考えられていますが、この時期に雌豚に過度のストレスを与えると、着床率が低下するばかりでなく、早期流産を起こすこともあります。早期流産の胚は体内で吸収されてしまうので、管理者は流産に気が付きません。

　ストレスとは実に漠然とした表現ですが、要は雌豚の生活を不快にさせたり緊張させる要因を廃し、安心して快適に生活させることが大切ということです。例えば、ほかの雌豚が夢中で飼料を食べているのに自分だけが食べられない境遇におかれた場合、豚の心拍数は倍増します。給餌作業を簡潔に、速やかに実施できるシステ

ムが必要だと言うことです。

また夏の暑さに対し、犬は口を大きく開けて排熱し、象は広い耳を放熱板にして放熱、体温調整ができますが、豚は生理的に放熱するシステムを持ちません。イノシシや野豚はそのために泥地に穴を掘り、体を埋めて体温を下げますが、豚舎内ではひたすら耐えるしかありません。これも大きなストレスになります。

この時期、ストレスと同様に注意しなければならないのが栄養過多です。特に着床率に大きく影響しますので、交配後の過剰給餌は避けなければなりません。

交配から5週齢を過ぎたころから安定期に入ります。胎子の発育が活発化し、10週齢を過ぎると著しく成長します。それに伴って胎子の求める栄養を供給するために、当然母豚への給餌量も増加しなければなりません。

図2はハイブリッド豚「ニューシャム（旧：デカルブ）」の飼料給与プログラムです。貴重な資料ですが、許可をいただいたので公表します。ニューシャムの平均離乳頭数は現在12.6頭です。肉質、発育速度、繁殖成績など豚の優位性は、遺伝子レベルで改良が進められており、その能力を最大限に発揮するための飼養環境の研究開発や、管理マニュアル、従業員教育マニュアルなども充実しています。養鶏産業は「戦後、卵の値段が変わっていない」と言われるほど厳しい経営環境を経験をしているので、その優位性からハイブリッド種の導入が進んでいますが、今後養豚産業も対外的競争力の必要性や、生産性の向上ががよりシビアに求められるにつれて、ハイブリッド豚の優位性が一層認識されることでしょう。

▶ 妊娠鑑定の活用

妊娠確認とは、かつては再発のチェックでした。交配後20日目から、発情兆候を確認するわけです。外陰部が赤く膨らんで粘液を出していないか、食欲が減退していないか、うなり声を

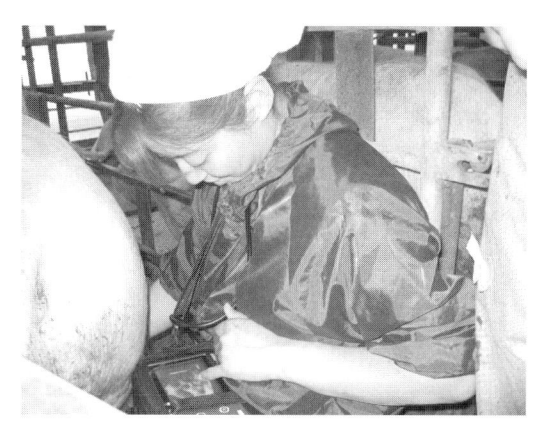

【写真1】超音波式画像診断器

発していないか、雄豚をじーっと見ていないかなどありますが、それらの兆候には個体差があり、見落としも出てきます。発情を繰り返すと飼料の無駄になるばかりでなく、先に述べたように排卵数が少なくなり、発情が弱く、交配が難しくなって、経済的な損失が大きくなります。

再発を見落とさないためには確実な妊娠鑑定の方法が求められますが、今日よく使われる方法は2つあります。

1つ目は、妊娠に伴い子宮動脈が急激に太くなり血液の流れが活発になる現象を、ドップラー効果を利用してヘッドホンでその血液音の違いをとらえるドップラー式です。直腸に腕を入れ、直接子宮動脈を指先で触れて、太くなっているのを確かめる方法もありますが、いずれもその違いを識別するには熟練が必要です。

もう1つの方法は、近年著しく普及している超音波式画像診断器（**写真1**）を利用した妊娠鑑定です。

すなわち、受精卵は着床後急速に分化を進め胚の発育を促しますが、同時に胚の中に胎水（羊水）を蓄え、胎子の発育を守り、分娩をサポートします。

妊娠母豚に超音波を当てると、肉、骨、皮膚などで構成されるそれぞれの組織はその硬さによって白く映ったり、灰色に映ったりしますが、

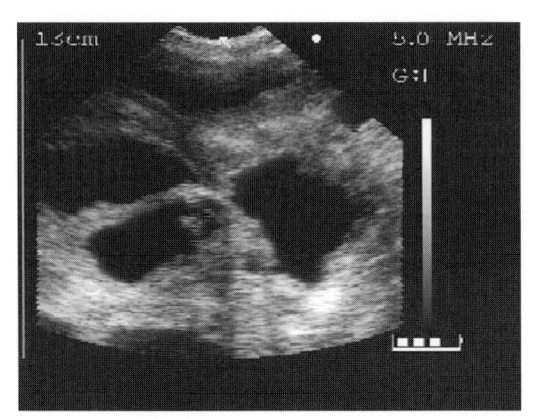

【写真2】超音波式画像診断器による受精卵の確認（交配後22日目）。黒く抜けている部分が胎水

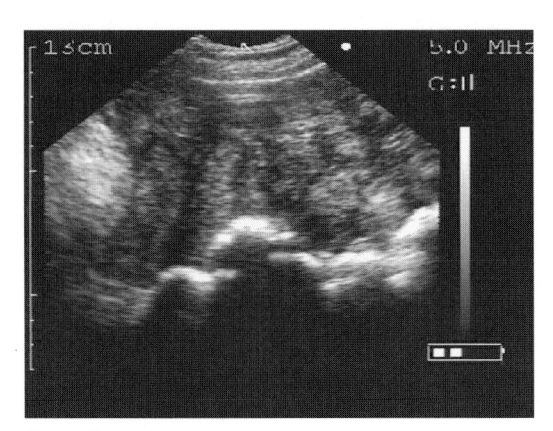

【写真3】不受胎時の画像

　胎水は超音波には反響しないため黒く抜けて見え（**写真2**）、受精卵の存在を確認することができます。

　また、子宮角は妊娠が進むにつれて拡大し、薄くなって超音波式画像診断器では判別しづらくなります。逆に、交配後3週間たっても子宮角の存在が確認できるものは、不受胎（**写真3**）ということになります。最近は超音波の反響信号を発光ダイオードの光信号に変換して画像化することで、鮮明で安価なものが出回るようになりました。

　こうした技術を活用し、より確実な妊娠鑑定を行っていくことが経営の安定化にもつながっていきます。

4 最新のAI技術

　近年のヨーロッパにおけるAIの技術の進歩には目を見張るものがあります。特にAI機器製造会社が、独自の研究に基づき、一層の成績向上と省力化を追及して開発しているように感じられます。それらの中から、特徴的なものを数点ご紹介します。

▶ 望まれる採精器

　これまで、重ねてお話ししてきましたが、精液にとって最大の問題点は採取時のほこりや雑菌の混入です。そのために多くの農場では、精液希釈時にサルファ剤などの抗生物質を添加し保存性を良くしています。しかし抗生物質の多くは精子にとってもダメージを与えるため、できれば使いたくないものです。
　そこで考えられるのが、採取時に精液を完全に外界から遮断することです。雄豚が擬牝台に乗ったら、勃起したペニスをそのまま雨の日にスーパーの入り口に置かれる傘袋のようなもので包んで、握ってしまうのです。そしてその内側には袋状のガーゼを取り付けて膠様物をろ過します。
　傘袋状のビニールを断熱性の素材で包んで精液採取すれば、採取室は簡便な設備で足りるようになるのではないでしょうか。あるいは雄豚房に擬牝台を持ち込めればそこで精液採取ができてしまうかもしれません。
　事実、フランスのメーカーが最近開発した精液採取装置は擬牝台に取り付けるもので、人口膣に装着した袋がペニスを外界から遮断しているため、雑菌汚染は従来の10分の1に減少したと報告されています。

▶ 自動精液採取システム

　フランスIMV社が開発した、空気圧（コンプレッサー使用）利用の人工膣を使った採取装置「コレクティス」（**写真1**）は、ヨーロッパのほかに、アメリカ、カナダ、韓国などでも順次採用されています。処理能力は1時間に14頭（2台の擬牝台を同時に使用）と非常に効率がよく、ミュンヘン大学の試験では、精液採取時の雑菌汚染は従来式（人による採取）の10分の1以下という結果が発表されています（**図1**）。
　構造的には、雄豚が乗駕する擬牝台室と人工膣を装着する採取者のスペースが柵で仕切られています。採取者のスペースが1段低いため、

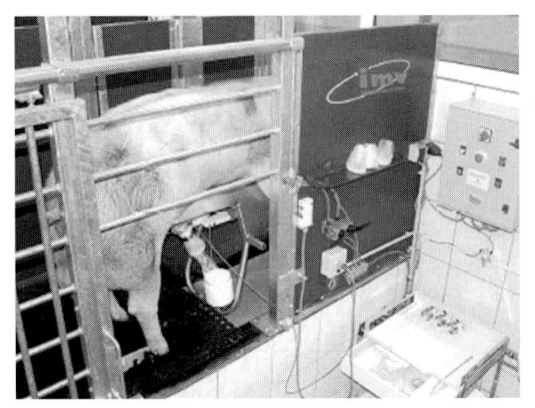

【写真1】自動精液採取システム「コレクティス」

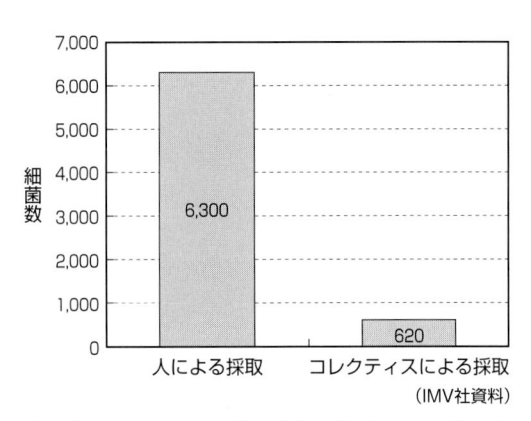

【図1】人による採取（従来法）と機械による採取の細菌汚染レベル

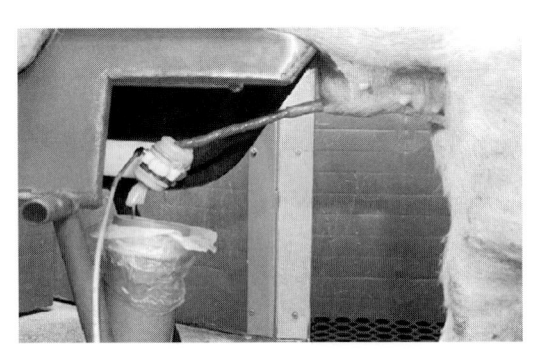

【写真2】「コレクティス」による採取の様子

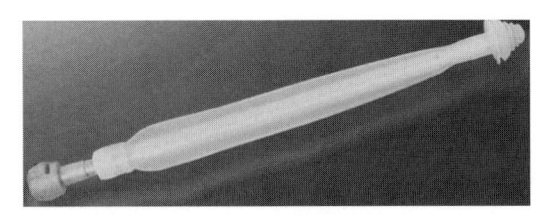

【写真3】オールインワンカテーテル「ゲディス」

かがまなくてもスムーズに作業ができるようになっています。仕切り柵は、ペニスに人工膣を装着するときに使う部分だけ小窓になっており、それを開閉して採取します（**写真2**）。

採取終了後は、採取者がロープを引いて擬牝台前方のギロチンドア（けん引ロープ上下式ドア）を開けると、雄豚が擬牝台室から出て、自分の豚房へ帰れるようになっています。この際の雄豚の出し入れは、採取者とは別の管理者が行います。

▶ オールインワンカテーテル

これもフランスIMV社が開発したもので、カテーテルとボトルが一体化した「ゲディス」という商品です（**写真3**）。プラスチックカテーテルの外側をシリコンの被膜で覆っています。精液の注入は、このシリコンの内側に、特製の注入器を使って行います。

注入量は90mℓ、そのまま保存庫に収納、注入時は先端のチップ（安全ロック）を外して発情豚に挿入、子宮頸管部に先端を把握させるために、挿入バーで押し込みます。先端チップの奥は固定ジェルで栓がなされており、子宮頸管部に把握されると次第に発情豚の体温（28℃以上）で溶解し、シリコンバルーンの収縮力で中の精液が射出されます。

精液注入時の省力化と、精液を確実に子宮体部まで注入するためにうまく工夫されており、受胎率は深部注入カテーテル同様、通常カテーテルよりも良い成績を示しています。

同様のバルーン収縮性を利用したカテーテルは、近年フランスのほかのメーカーでも開発さ

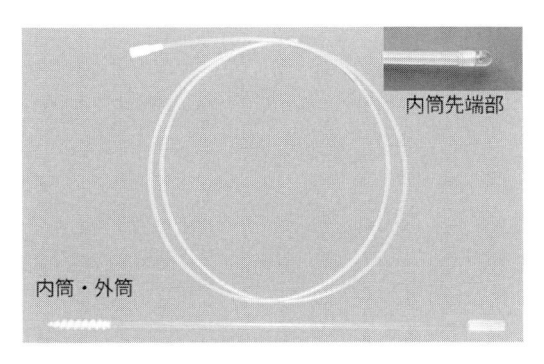

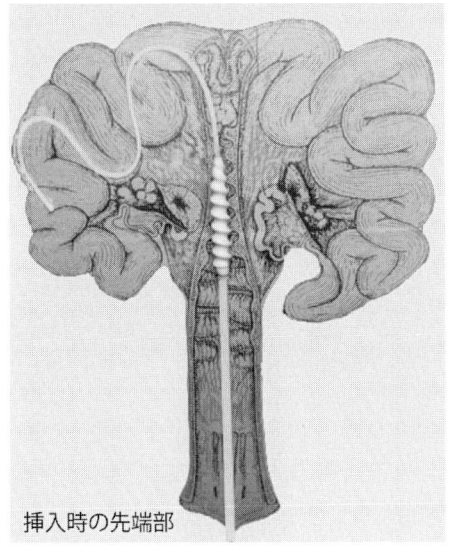

第3章　繁殖成績向上のためのAI技術

【写真4、5】子宮角深部注入カテーテル（上）と挿入時の先端部

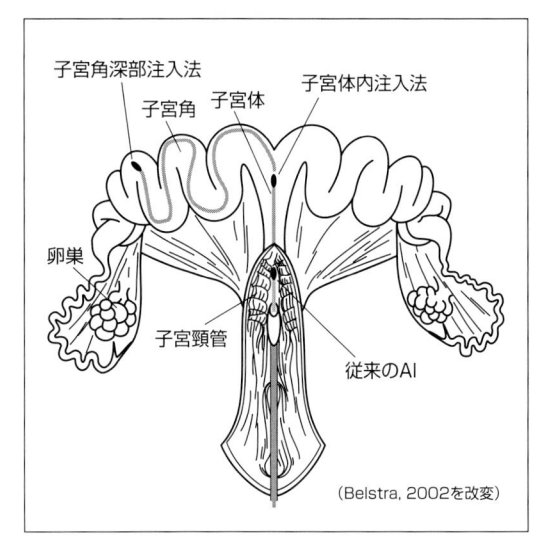

【図2】カテーテルごとの挿入、注入部位
（Belstra, 2002を改変）

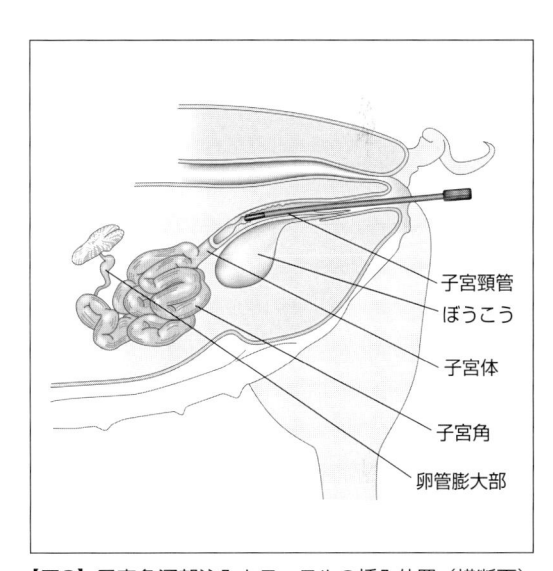

【図3】子宮角深部注入カテーテルの挿入位置（横断面）

れていますが、まだ成績は示されていません。いずれにしても、将来多くのメーカーが同様の原理を利用したオールインワンカテーテルの開発をすると予測されます。

▶ 深部注入カテーテル

　子宮角深部注入カテーテルは、アウターカテーテルとインナーチューブからなっており（**写真4、5**）、細い子宮頸管部やその先の曲がりくねった子宮角を通って先端部まで到達します（**図2、3**）。

　数年前に動物衛生研究所が子宮角深部注入カテーテルを用い、外科的手術によらない受精卵移植に成功しました。インナーカテーテルが子宮角先端部まで到達し、そこで精液を射出するので、生存期間が短く虚弱な凍結精液の利用に

73

効果的と考えられます。

しかし、その特殊性から需要はいまだに低く、経済性を重視するスペインのメーカーは数年前から製造を中止しています。この方法では、すでに千葉県畜産総合研究センターが希釈精液10mℓ（精子数10億）で従来の子宮頸管注入法と同等の受胎率を確保しています。この技術が普及すれば、1頭の雄豚から採取した精液は現在10～15頭の雌豚に交配しているところ、一気に40～50頭の雌豚に使えることになり、その期待は大きく広がります。

AIの技術はこのように日進月歩で進んでおり、より衛生的に、より確実なものになっています。一足飛びにこうした技術を使いこなすことは難しいですが、まずはじめの一歩を踏み出すことが重要ではないでしょうか。

今後日本の養豚を取り巻く状況はさらに厳しさを増していきます。諸外国の安価な豚肉に対抗していくためにも、コスト削減や成績向上は必須となります。そういった意味においても、AIの技術導入は1つの武器になっていくと考えています。

【著者プロフィール】

志田　充芳（しだ　みつよし）

山形県出身。1976年東京農業大学卒業後、南ミンダナオ大学熱帯植物コース修了。東京農業大学助手を経て、曽我の屋農興㈱に入社。梨木農場の繁殖豚舎を担当し、AIの技術を学ぶ。同社退社後、㈱フロンティアインターナショナルに入社。AI事業を主に担当し、海外の最新の知見などを得た経験から、多くの農場のAIセンター設計などを手掛ける。2010年㈱ピィアイシィ・バイオ入社。農畜産チームマネージャーとして、全国の養豚場のAI普及に務めている。

＜取材協力・写真提供（五十音順・敬称略）＞
今井 笑（今井ファーム）
㈲シーエフ東日本
下仁田ミート㈱
㈲藤沢市種豚センター
（農）富士農場サービス
富士平工業㈱
㈱フロンティアインターナショナル
㈲メンデルジャパン
㈲山一農産

養豚場AIマニュアル

2011年3月10日　第1刷発行

著　者	志田　充芳
発行者	森田　猛
発　行	チクサン出版社
発　売	株式会社 緑書房
	〒103-0004
	東京都中央区東日本橋2丁目8番3号
	TEL　03-6833-0560
	http://www.pet-honpo.com
デザイン	有限会社 浪漫堂，有限会社 スタジオ・ナイン，Design PANTO'S
印　刷	三美印刷 株式会社

©Mitsuyoshi Shida
ISBN978-4-88500-022-5　Printed in Japan
落丁，乱丁本は弊社送料負担にてお取り替えいたします。

本書の複写にかかる複製，上映，譲渡，公衆送信（送信可能化を含む）の各権利は株式会社緑書房が管理の委託を受けています。

〈(社)出版者著作権管理機構　委託出版物〉
本書の無断複写は著作権法上での例外を除き禁じられています。複写される場合は，そのつど事前に，(社)出版者著作権管理機構（TEL 03-3513-6969, FAX 03-3513-6979, E-mail info@jcopy.or.jp）の許諾を得てください。

わかりやすい養豚場実用ハンドブック

監修　伊東正吾（麻布大学）

日本の養豚のすべてがわかる養豚現場マニュアルの決定版!

月刊「養豚界」で好評連載された『ようこそ! 豚づくり一年生』に、写真やコラムを加え単行本化!

　近年、日本における養豚産業とそれを取り巻く環境は大きな変革をむかえました。法律改正や消費者意識の変貌、動物福祉と多くの課題の中で迅速な対応が求められています。このような状況下で何より求められている事は、農場技術者の雇用・育成です。養豚経営を円滑かつ発展させていくため、農場技術者に対する教育が必要とされています。
　本書は、養豚の基礎知識から養豚場での具体的な仕事の流れとマネージメントをわかりやすく解説しています。生産現場における疑問に即応できるとともに知識を深められ、何よりも愛すべき豚のことと、養豚産業の概要が理解できます。
　研修教育のテキストとして、実務に従事する全ての養豚家のマニュアルとして、またこれから養豚業を目指す方の入門書としてご利用いただけます。

わかりやすい養豚場実用ハンドブック
B5判　240頁　定価5,040円（本体4,800円＋税）
ISBN4-88500-019-X

本書のポイント

1　写真や図表を豊富に掲載
どの章も、解説に即した写真や図表・イラストを豊富に掲載。さらに、巻頭グラビアとして養豚場での1日の仕事の流れを紹介した「カラーで見る養豚場での仕事」は養豚家を目指す方必見。

2　各章ごとに専門家が丁寧に解説
養豚産業の最前線で活躍する獣医師・人工授精師・農業技術者・指導員・研究者など20名の専門家が、それぞれの得意分野をわかりやすく解説。

3　養豚産業に関する情報を幅広く網羅
豚の飼養管理技術はもちろん、養豚産業の歴史・社会との関わりから、流通や経営まで幅広く紹介。さらに、養豚産業でも多く説かれているアニマルウェルフェア（動物福祉）についても詳しく解説。

4　現場からのアドバイスをコラムで紹介
産まれてから離乳までの子豚の管理を、現場をよく知る獣医師が6項目に分けて説明。子豚の扱い方から、餌付けのコツ、離乳時期の見極めなどをコラム形式で紹介。

●目次

●巻頭グラビア●
カラーで見る養豚場での仕事
●巻頭言●

第1章　養豚場へようこそ
Part.1　養豚について知ろう
・養豚産業の歴史と社会との関わり
・豚は何を食べているのか知っていますか？　ほか

第2章　養豚場での仕事
Part.1　各ステージでの仕事
・繁殖豚管理のポイント〜分娩豚舎編〜　ほか
Part.2　病気から豚を守る
・豚の疾病初心者心得
・農場の衛生管理を考える　ほか

第3章　ベテラン養豚家へのステップ
Part.1　経営者になるために知っておきたいこと
・実践的な目線で豚をみる
・ふん尿処理　ほか

第4章　経済動物としての豚
Part.1　収益アップのカギを握る繁殖を学ぼう
Part.2　商品としての豚肉
Part.3　アニマルウェルフェアと豚の飼養環境

●コラム●
コラム①子豚が生まれた！　最初にすること
コラム②切歯のやり方と道具　ほか

●執筆者一覧●
●索引●

発行　チクサン出版社　発売　緑書房
〒103-0004　東京都中央区東日本橋2丁目8番3号　東日本橋グリーンビル
TEL.03-6833-0560　FAX.03-6833-0566

書籍・雑誌のご注文はこちらから　緑書房ウェブショップ　http://www.pet-honpo.com
目次情報や見本画像がご覧いただけます。

母豚管理に関するすべての知識と情報を、この一冊に網羅！

新 母豚全書

―――――――― 伊東正吾・岩村祥吉 監修

健全な養豚経営を行ううえで、最も基本的で重要な仕事である母豚管理。本書は、母豚のボディコンディションスコアやワクチネーションなどの基礎的な知識を紹介し、母豚の選抜・導入、繁殖、分娩に関する技術やポイントをわかりやすく解説。グループ管理システムやバイオセキュリティの考え方などの最新情報も収録した、養豚に携わる誰もが知っておかなければならない管理技術と知識を網羅した一冊。

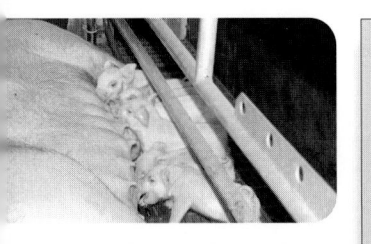

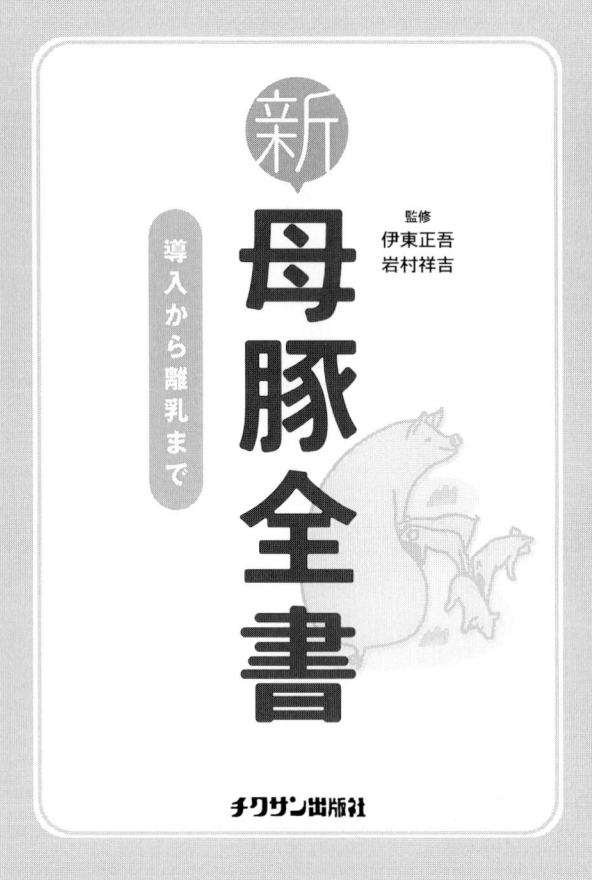

好評発売中

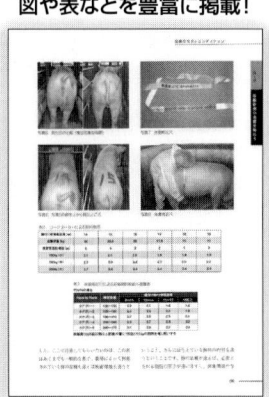

第1章 母豚管理の基礎を知ろう
母豚のボディコンディション
ワクチネーション～概念編～
ワクチネーション～実践編～
母豚の飼料・飲水管理
繁殖豚舎の施設論
分娩豚舎の施設論
＜コラム＞
グループ管理システムについて

第2章 正しい母豚の選抜・導入
母豚の選抜と導入
馴致の科学と実践
バイオセキュリティの考え方
＜コラム＞
母豚の脚線美と脚弱症

第3章 母豚の生理からみる繁殖
母豚の繁殖生理
発情徴候の見極めと鑑定方法
母豚から見た人工授精
交配後の管理のポイントを考えよう
繁殖障害の原因と対策
環境要因と繁殖成績への影響について
＜コラム＞
深部腟内電気抵抗性(VER)測定による発情確認技術

第4章 分娩後の管理のポイント
分娩介助と分娩後の母豚ケア
授乳期間の子豚管理と授乳中の給餌
哺乳子豚の疾病
＜コラム＞
アニマルウェルフェアに考慮した母豚管理

第5章 知っておきたい応用技術
養豚における繁殖雌豚の計数管理と記録ソフト活用の重要性
繁殖に関する新技術
＜コラム＞
繁殖に関するホルモン剤と治療薬のはなし

新 母豚全書
導入から離乳まで
監修 伊東正吾 岩村祥吉
チクサン出版社

B5判 168頁 定価3,990円（本体3,800円＋税） ISBN978-4-88500-021-8

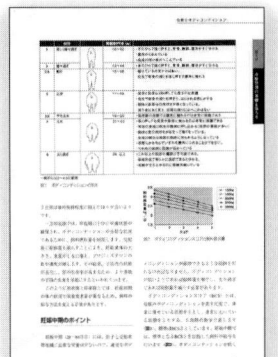

図や表などを豊富に掲載！

母豚管理の正しい基礎から、知っておきたい応用技術、最新情報まで幅広く収録。

養豚場の現場マニュアルとして、研修用テキストとして活用できる！

発行 チクサン出版社　発売 緑書房
〒103-0004　東京都中央区東日本橋2丁目8番3号 東日本橋グリーンビル
TEL.03-6833-0560　FAX.03-6833-0566

Midori Shobo Co.,Ltd
Pet Life Sha & Chikusan Publishing

書籍・雑誌のご注文はこちらから　緑書房ウェブショップ http://www.pet-honpo.com　目次情報や見本画像がご覧いただけます。